给孩子的基础科学启蒙书

物理，太有趣了！

柠檬夸克 ---- 著
得一设计 ---- 绘

 化学工业出版社

·北京·

图书在版编目（CIP）数据

物理，太有趣了！/柠檬夸克著.—北京：化学工业出版社，2023.4

（给孩子的基础科学启蒙书）

ISBN 978-7-122-42831-8

Ⅰ.①物… Ⅱ.①柠… Ⅲ.①物理学－青少年读物 Ⅳ.①O4-49

中国国家版本馆CIP数据核字（2023）第022697号

责任编辑：张素芳

责任校对：宋　玮

装帧设计：史利平　梁　潇

出版发行：化学工业出版社（北京市东城区青年湖南街13号　邮政编码100011）

印　　装：中煤（北京）印务有限公司

710mm×1000mm　1/16　印张10　字数180千字　　2023年8月北京第1版第1次印刷

购书咨询：010-64518888　　售后服务：010-64518899

网　　址：http://www.cip.com.cn

凡购买本书，如有缺损质量问题，本社销售中心负责调换。

定　　价：39.80元

目 录

第 6 章 妈呀！这个实验可不能做 ---- 55

第 7 章 想不想看电池里面 ---- 65

第 8 章 悬在铁轨上飞奔的火车 ---- 75

第 9 章 谁消了银行卡的磁 ---- 83

第 10 章　为什么我的微信刚好飞进你的手机 ---- 91

第 11 章　假如，我当警察 ---- 105

第 12 章　寻找最最小，世界真奇妙 ---- 117

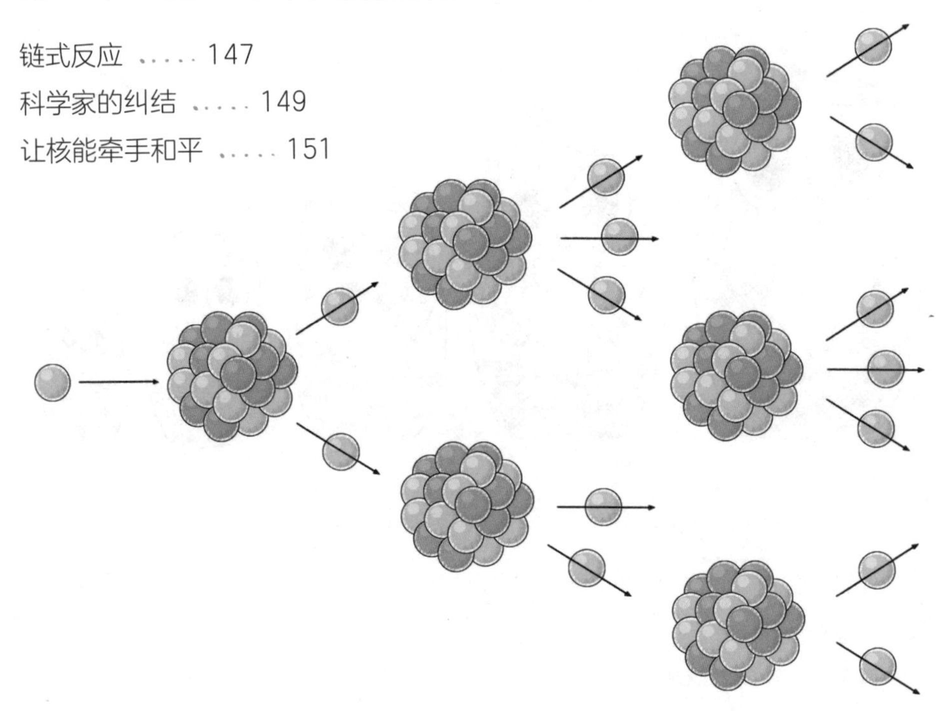

第 1 章

没搞错吧？低着头怎么看日食

嗯？什么情况？大白天的，天怎么忽然黑了？

哦！对了！新闻里说今天会发生日食，是不是……

啊？日食？！我看看！我还没见过……

停！别看！千万别直接看太阳！这可不是闹着玩的，太阳光非常厉害，会烧坏你的眼睛！

那怎么办？

用日食镜啊，就是那种涂得黑黑的小玻璃片，透过它就可以看日食了。如果没有日食镜，也可以用墨镜代替。什么都没有的话，把墨水涂到玻璃上也可以。

可……可我们现在就是什么都没有啊，连墨水、玻璃都没有。柠檬，快想办法呀！一会儿日食就过去了！

嗯……

哎呀！真急人！我，我眯缝着眼睛看，行吗？再用手挡着点……

不行！眯缝着眼睛、用手挡着，还是会有阳光照进眼睛，照样会伤害眼睛。哎，有了！这个方法非常安全，都不用抬头，低着头看地就行了。

没搞错吧？低着头？低着头根本看不到日头，只能看到脚趾头。

没搞错。快！找一支笔和一张小纸片，和柠檬一起见证奇迹。

柠檬悄悄话

日食是怎么回事呢？为什么太阳缺了一块？请看本套书《天文，太有趣了！》第 4 章“哪有这事？天亮两次”。

在卡通片和图画书里，太阳经常被画成慈祥的太阳公公，和善地笑着，还长着两撇棉花糖似的八字胡。其实它可是个厉害的主儿，吐口唾沫都能要人小命。不信？请看本套书《天文，太有趣了！》第 2 章“谁是天上最亮的星”。

柠檬日食观测法

柠檬日食观测法，不单护眼还防晒。要问做法难不难，只需三步很简单。

第一步：拿出一张小纸片；

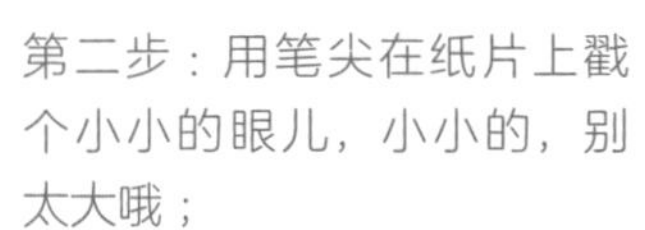

第二步：用笔尖在纸片上戳个小小的眼儿，小小的，别太大哦；

第三步：把纸片拿在手中，看地上纸片的影子。

看到了什么？一个清晰的“小月牙”？

对！那就是日食的“像”。此时此刻，天上的太阳，也就是被挡住了这么一块哟。

这是怎么回事呢？怎么会这样呢？这个月牙是怎么来的呢？

呵呵，这是一个超级好玩的现象，叫——

小孔成像

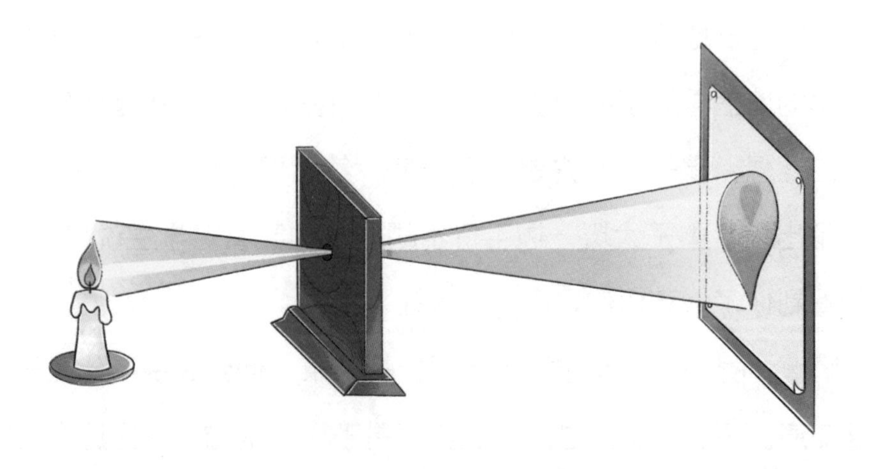

一般来说，在均匀的空气中，光沿直线传播。如果我们像上图那样，在蜡烛和观察屏之间放一块挡板，在挡板的中间开一个小小的孔，会怎么样呢？

光是沿直线传播的，所以蜡烛上方的光经过小孔，就跑到了观察屏的下方；蜡烛下方的光经过小孔，反而跃居到观察屏的上方。所以在观察屏上，我们可以看到一个倒着的蜡烛的像。这个小孔搞的鬼把戏，就叫“小孔成像”。哈哈，还是一个“拿大顶”的像。这个鬼马的小孔！

说来挺让人骄傲的，世界上第一个做小孔成像实验的是我们中国人，他叫墨子。你这么见多识广的小朋友，一定能猜到，大凡叫什么“子”的人，十有八九都是古人。没错！墨子生活在距今两千多年前的战国时期。

在一个晴朗的日子，墨子让他的学生站在院子里。墨子自己留在屋子里观察。屋子的门紧紧关闭，窗户都用被子挡得严严实实，保证不会有一丝光线进入屋子。真有实验物理学家的范儿！学生和屋子之间有一堵墙，墙上凿开一个小孔。你猜怎么着？墨子竟然在屋子里的墙上看见了他的学生，不过，他看见的学生也是倒着的。

柠檬想，墨子一定先是吃了一惊，然后忍不住哈哈大笑起来。从屋里出来，墨子大概一边手捋着胡须一边笑着对学生说“徒儿，为师看到你了。奈何你足居上，首在下也”。

嘻嘻，墨子的话是柠檬放飞想象的结果，他到底说了什么已经无从知道。不过墨子做过这个实验可是千真万确的。他把这个实验的完整过程和看到的现象记录在他的名著《墨经》里。

这说明，早在两千多年前，墨子就认识到了光是沿着直线传播的，并巧妙地设计了一个实验来证实自己的猜想。真的很厉害！

可以说，墨子做的事情，和现在的照相机做的事情是一样的。照相机的镜头就是一个小孔，外面的景物反射的光线，经过镜头进入照相机的暗盒，在底片上成像，于是一张照片就产生了。遗憾的是，在墨子所在的时代，还没有感光材料——就是胶片一类的东西，所以没有办法把他的学生的像永久保存下来。

光沿直线传播

等等，柠檬，你说的光沿直线传播，是不是就是说光是走直线的，不拐弯？

对啦！就是这个意思。光走直线这件事，意义重大哟！

你们大人一来就爱说重大意义、意义重大……有什么呀？不就是不拐弯吗？爱拐不拐！

你可别这么说，光要是自己会拐弯的话……你连捉迷藏都玩不了！你还想躲在大树背后，蹲在大石头后面？做梦去吧！光要是自己就会拐弯了，直接从你身上飞到其他小伙伴的眼睛里，那可就什么都挡不住你了，你躲在哪里都会被看见。嘻嘻！

哈！没看到我！

光要是自己就会拐弯的话，一定绕过你的课桌，把你在课桌下面做的小动作，全带到老师的眼睛里。哈哈！

光要是自己就会拐弯的话，你拿数学课本盖着漫画书，假装写作业，其实偷偷看漫画，一准儿会被你妈妈看见。哼哼！

别说了！别说了！我谢了还不行吗？谢谢光不会拐弯，谢谢光沿直线传播！

光沿直线传播，确实意义重大。利用这个特性，人们可以用光来测量距离。

当然，普通的光是不行的，需要用激光，这就是激光测距。你在新闻里听说人造卫星发射成功后，准确到达距离地面多少多少千米的预定轨道。这个距离是怎么测出来的？难道有人拉着超级长的卷尺去测量？当然不是，攀到卫星上的不是人，是激光。

瞄准要测量的卫星，“嗖—— ”发射一束激光上去。激光照射到卫星上，又被卫星反射回地面。只要测出激光从去到回的时间，就可以计算出卫星与地球之间的距离了。这种测量方法非常精确，可以做到只有 1 厘米的误差。

柠檬悄悄话

激光？极光？本套书《地球，太有趣了！》第2章"'极'其奇妙的地方"里说的那种最壮丽、最绚烂、最美的光是极光，这里说的是激光。不要搞混哦！

极光是怎么来的，《地球，太有趣了！》里细细说了。激光是怎么来的，可有点复杂了，你要到大学才会学到。这里先知道它的大名，知道它和极光不是一回事，就很棒了。

好了，我知道了，小孔成像，光沿直线传播。我去考考赵小萌，看他知道不。

等一下！你看着这个！

怎么回事？吸管好像折了？

第 2 章

咦？谁让光线向左转

吸管没有折断。都说“眼见为实”，可有时候调皮的光线会骗一下你的眼睛。

这到底是怎么回事呢？

我说的光走直线是有条件的。不满足这个条件时，光也会拐弯，来个向左转。

条件？什么条件？快说说，别赶上哪次上课时，赵小萌从课桌下面偷偷递给我一块巧克力派，突然光不满足条件，不沿直线传播了……那我可就惨了！

哈哈！那可真的要小心啊！

光沿直线传播的条件是：在真空里或同一种均匀的透明物质里。

什么时候不满足这个条件呢？当光从一种透明物质，射入另外一种透明物质时，它可就不一定沿直线传播了。在大部分情况下，光线是要拐个弯的。

比如光从空气射入水里，或者从水里射入空气中，这就叫光从一种透明物质射入另外一种透明物质。光在哪里拐弯呢？——在两种物质的交界面上。

在物理学里，我们把光拐的这个弯，叫作光的折射。

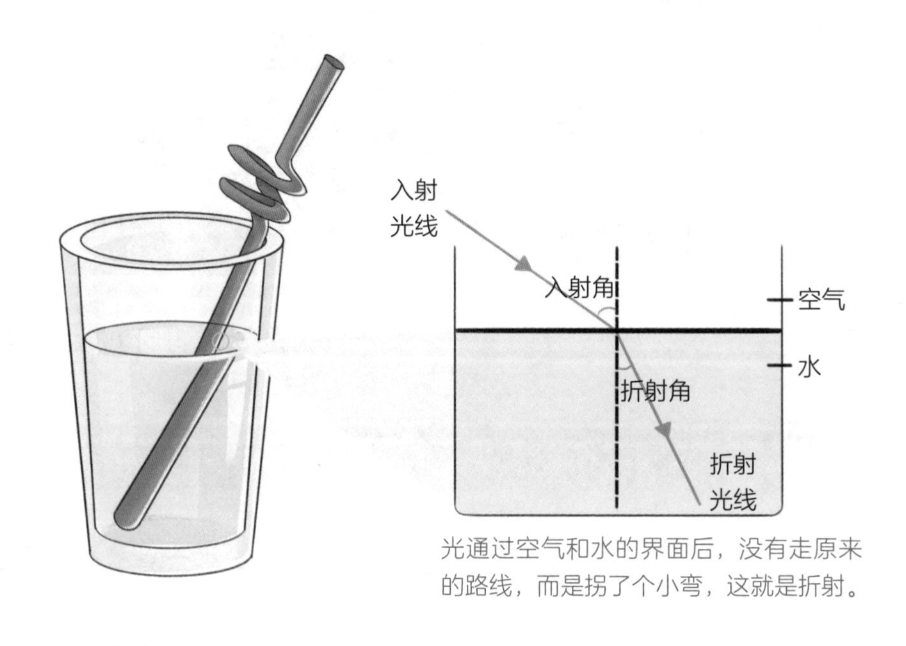

光通过空气和水的界面后，没有走原来的路线，而是拐了个小弯，这就是折射。

那刚才你说的吸管好像折了，就是折射搞的鬼，骗了你一小下下。其实吸管哪里折了嘛，这不是好好的？

一个危险的游戏

来！让我们做一个好玩又有点危险的游戏。

什么游戏？还危险？

现在时机正好。最热的夏天，又是中午，太阳最威风的时候。我们到外面去！

小克，请你把这张纸放在地上，用手拿着这个放大镜，让放大镜的一面对着太阳，上下移动放大镜。

这是要干吗呀？

你看什么时候纸上的光点变得最小、最亮？

这样吧？你看现在是不是？

对！现在纸上的光点最小、最亮。好！保持这个位置不变，辛苦你拿着放大镜坚持一会儿。

哎，哎，着火了！纸烧着了！柠檬！

别怕！我早准备好水了。

哎，柠檬，这是为什么呢？怎么会着火呢？

归根到底，还是因为光的折射。

柠檬悄悄话

没错！妈妈说了：不许玩火。这确实危险！如果你想自己动手尝试这个小实验，一定要在家长或老师的陪同下才可以。最重要的是：准备好灭火的水！

炎热的夏天，阳光普照，没听说过有什么东西被阳光照射一会儿，就着火了，是吧？可刚才怎么就着火了呢？

奥妙就在于放大镜。

好好看看放大镜！一边鼓着一个大肚子，它不是平的，是凸起来的。放大镜是我们在生活中的叫法，在物理学里，它叫凸透镜。凸透镜对光线能起到会聚作用，把太阳光会聚到一个点上。就像人一抱团就力量大，聚在一起的阳光，够强够热，就把纸点燃了。

啊！我们家也有个放大镜，哦不，凸透镜。我就是玩过两下，看它确实能把东西放大，还没好好注意过它呢。原来它还能会聚光线。

你说你没注意过它，其实你每天都在用它。

这是什么话？我不懂。

藏在“炮筒”里的凸透镜

我们身边的凸透镜真是太多了。显微镜、望远镜、照相机镜头里都有凸透镜。你的眼睛里也有凸透镜。你关注某样东西的时候，不是就要用眼睛的吗？

当然，你眼睛里的凸透镜不是玻璃做的，那样多硌得慌啊！眼睛里有两样很柔嫩的东西，叫晶状体和玻璃体，它们加在一起，就相当于一个凸透镜。远处的景物射来的光，经过它们就可以会聚到视网膜上。视网膜上的细胞会分析这些图像，通过视神经将图像传给大脑。这样我们就能看到远处的景物了。

那近处的景物呢？我们要看的东西有远有近，远到天上星，近到自己的鼻尖。怎么能一览无余，尽收眼底呢？

凸透镜的当家本领就是会聚光线。不同的凸透镜会聚的本领自然是有大有小的。怎么知道谁的本领大，谁的本领小呢？焦距告诉你！焦距越小，凸透镜的会聚能力就越强，作为放大镜，放大的效果也就越好。

小心一点，轻拿轻放！拿出你家里的照相机，看看盒子里的说明书。不管什么牌子，你一定会看到：“f= × ×mm”，找到没有？

× × 是一个数字。其中的 f 就是焦距，一般以毫米作为单位。照相机镜头的焦距一般有 8mm、35mm、105mm、135mm、500mm……大约十多种规格。如果你家相机的镜头焦距在 135mm 以上，哇！你老爸一定是个摄影达人！这种叫长焦距镜头，能拍摄远处的景物的细节。想必你家里一定有很多你老爸拍的超美、超艺术的风景照和野生动物照。

焦距 50mm 的镜头，接近人肉眼的视角范围，称之为标准镜头。焦距 50mm 以下的，一般是广角镜头，如 35mm、24mm、16mm 等。听名字也知道，它的视角很大，可以拍摄大的场景，奥运开幕式啦，天安门广场阅兵啦，少不了这样的镜头大显身手。

你在电视里，肯定看见过采访什么重要活动、大明星，都是一大群摄影记者，端着一溜儿长枪短炮般的照相机。你会不会觉得奇怪？那些镜头怎么那么大个儿，像个大炮筒子似的？

单独的一个凸透镜，一旦做出来，它的焦距就不能变了。在这种大炮筒子似的镜头里，可不是只有一个透镜，而是有一串透镜呢，组成一个透镜组。调节镜头，拉长或者缩短，透镜间的距离就变了，就可以改变整个透镜组的焦距。不光照相机镜头，望远镜、显微镜里也都有透镜组。注意哦，它们的焦距也都只能在一定范围内可调，不是随心所欲，想调多少就多少的。

喂喂，柠檬，你又跑题了吧？我问眼睛怎么看近处的东西，你怎么说的都是照相机啊？你说得高兴，连我问什么都忘了吧？

我没忘。眼睛和照相机镜头是一个道理。你明白了照相机，就容易明白眼睛啦。

眼睛和眼镜

和照相机镜头一样，眼睛的焦距也是可调的，当远处景物的像无法清晰地呈现在视网膜上的时候，大脑就会发出信号，指挥眼球调整焦距，使像变得清晰。这个过程和照相时的调焦过程非常相似。

不过和照相机不同的是，人的眼睛里没有一串透镜，不然那人得多丑啊！像龙睛金鱼一样。眼睛的调焦完全靠肌肉控制。当眼睛的肌肉处于完全放松的状态时，我们能清楚地看到 25 厘米远的景物。25 厘米叫作眼睛的明视距离。知道了吧？为什么老师和家长总是提醒我们写作业时，书本离眼睛的距离一尺比较好呢？ 25 厘米和一尺差不多。

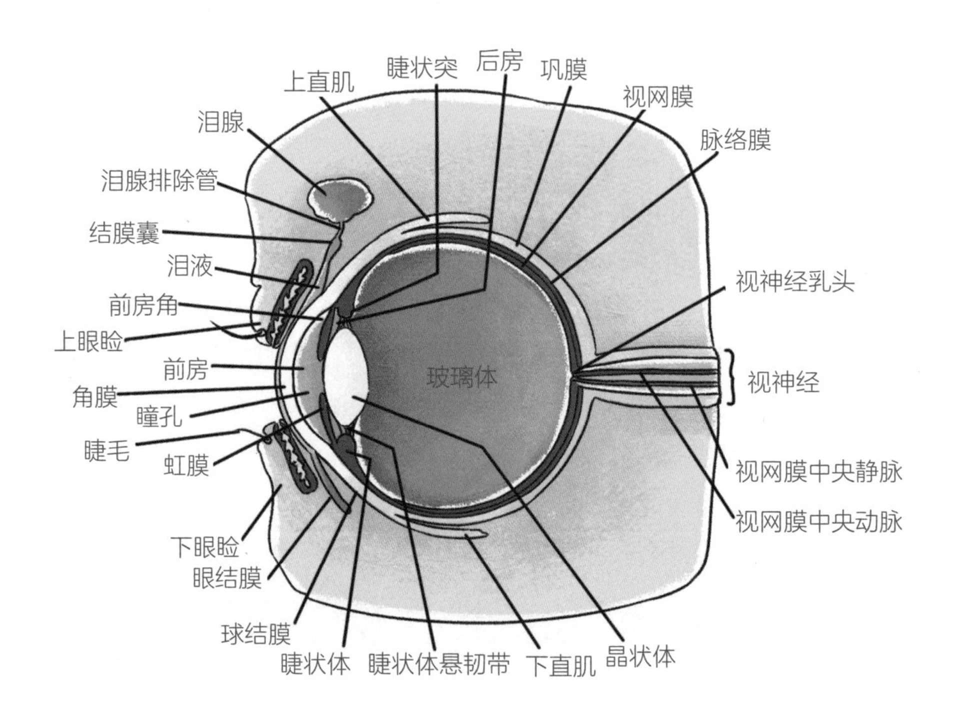

如果我们要看的景物比 25 厘米远或者近，眼睛的肌肉就会处于紧张状态，调节眼睛的焦距，让我们能看清楚。如果让肌肉长时间保持紧张状态，它就会很疲劳，调节能力就会下降。时间长了，眼球还会变形。坏了！对有些距离的东西，就彻底看不清楚了，成了近视眼或者远视眼。

所谓近视眼或者远视眼，就是眼球变形或眼睛肌肉调节能力不好，使得有些距离的景物，无法在视网膜上准确聚焦。怎么办呢？眼球无法准确调节焦距，那就只好再加一个透镜，来帮忙调节了。得！小眼镜戴上了。

远视眼镜就是凸透镜。而近视眼镜是另外一种透镜——凹透镜。顾名思义，凹透镜是凹进去的，中间薄、边缘厚，可以起到发散光线的作用。和凸透镜一样，凹透镜也有焦距，也用 f 来表示。

说到眼镜，我们习惯说眼镜的度数是多少度。眼镜的度数是通过透镜的焦距来计算的，假设用来做眼镜的透镜的焦距是 f，那么眼镜的度数是 $\frac{100}{f}$。

如果一副眼镜的度数是 200 度，那么说明制造眼镜的透镜的焦距是 0.5m，也就是 500 mm。

哦！原来是这样。怪不得你先说照相机，后说眼睛呢，它们的原理确实相似。

照相机镜头那么大个、沉甸甸的，人的眼睛却很小巧。那么一大串精心设计、制作的贵重镜头能看清楚的范围，还赶不上人的眼睛。

人长得多精巧啊！眼睛绝对是造物者的杰作。

所以啦，真的要爱护自己的眼睛。别没完没了地玩手机游戏！大约看40分钟左右，就让眼睛休息一会儿。别忘了，你倒是开心了，眼睛的肌肉还一直在紧张较劲儿呢！

柠檬悄悄话

当光在同一种透明物质里传播时，如果这种透明物质不同位置的密度不同，也会产生光的折射现象。这其中最著名的就是“海市蜃楼”了。它是由于地表（或海面）和高空中的空气温度不同、密度不同产生的，是一种非常罕见的自然现象。

第 3 章

歌里唱得对不对

柠檬，前天我听到《七色光》那首歌，忽然觉得似乎歌里唱得不对啊！

哪里不对呢？

这首歌的第一句是“太阳太阳，给我们带来七色光彩”，太阳光怎么是七色光呢？你抬头看看，明明是白色的嘛，就一种颜色呀！要是太阳发出的是七色光，红的、黄色、绿色、蓝的……这天空看起来，不就像大花窗帘一样？

呃……柠檬我也没看见过太阳发绿光呢，呵呵，想想是挺恐怖的啊！

是吧？那就是歌里唱错了，哼！啧啧，这么多年，就没人发现这首歌唱得不对吗？真是！柠檬你一个人玩吧。我先走了。

你上哪里去？

我去给电视台打个电话，告诉他们这个错误，让他们以后别再播这首歌了。

等等……

太阳带来七色光彩——真的

太阳发出的光，看起来是平平淡淡的白光，其实内隐玄机，藏龙卧虎。红色光、橙色光、黄色光、绿色光、蓝色光、紫色光……甚至还有你叫不上名字的颜色的光，太阳光里统统都有。

看你眼睛瞪那么大，很吃惊是吗？没错，这是真的。

所有颜色的光汇聚到一起，就都把各自的光彩收起来，什么颜色也看不出来了。太阳光里其实包含了各种颜色的光，很多很多种颜色。我们的眼睛能够分辨的颜色也有很多很多种。通常来说，大部分人可以分辨 1000 万种左右的颜色，专业的美术工作者能分辨更多的颜色，哪怕一些细微的差别，都逃不过他们的眼睛。我们常说“七色光”，是因为一般人的眼睛，最直接地——通俗地说叫“第一眼看上去”，能分辨出很明显的 7 种颜色。

天呐天呐！有点乱……你是说太阳光看起来是白光，其实里面有很多颜色？

对。

颜色的种类有很多，其实都不止“七色光”？

是的。

没搞错吧？白光怎么会是很多种颜色组成的呢？那些颜色都哪去了呢？怎么知道白光里有很多种颜色的呢？

知道你一时还难以接受白光居然是由各种颜色的光组成的，那么，我们先去看牛顿做过的一个实验吧。让时间的车轮往回转，带我们回到 1666 年……

牛顿的色散实验

这一次，牛顿把自己关在一间漆黑的房间里，还密密实实地拉上窗帘。顿时，一切都得摸黑进行了。然后，牛顿摸摸索索地在窗帘上开个小孔。哗！一束阳光射进来！牛顿满意地看着这缕冲破黑暗的光，摸出一个小物件。

什么呢？

这可是牛顿事先精心准备的一个小东西。它是用玻璃做的，底面呈三角形，整个看上去像个玻璃柱子。后来人们叫它三棱镜。

牛顿让从小孔射进来的那一缕太阳光从三棱镜的一面射入。顿时，三棱镜的另一面，7 道彩光齐齐发出。嚯！好漂亮！红、橙、黄、绿、蓝、靛（diàn）、紫，依次排开。就是七色光嘛。

好了！就是这样，不出所料。

牛顿第一次通过实验，证明了太阳光是由多种颜色的光混合而成的。同时，他还证明了不同颜色的光，在折射时，偏折的角度不同。

这是什么意思呢？

前面柠檬讲了折射。当光从一种透明物质，射入另外一种透明物质中时，光线会拐弯。用物理学家的话来说，就是光线要发生偏折。

不同颜色的光，偏折的角度是不一样的。红光偏折角度最小，黄光偏折的角度就要比红光大一些，紫色光偏折的角度最大。

原来都站在一队里的各种颜色的光，一经过三棱镜，就都“走自己的路，让别的光走别的路去吧”。

柠檬，我觉得这个三棱镜就像一个“大力士”。

哦？

各种颜色的光，本来都是合在一起的，三棱镜能把它们都给“掰开”了，让它们各走各的路，这样它们本身的色彩，就能看出来了。

嘿嘿，你这个比方挺有意思！

白光射入三棱镜后，会被色散成彩色的光

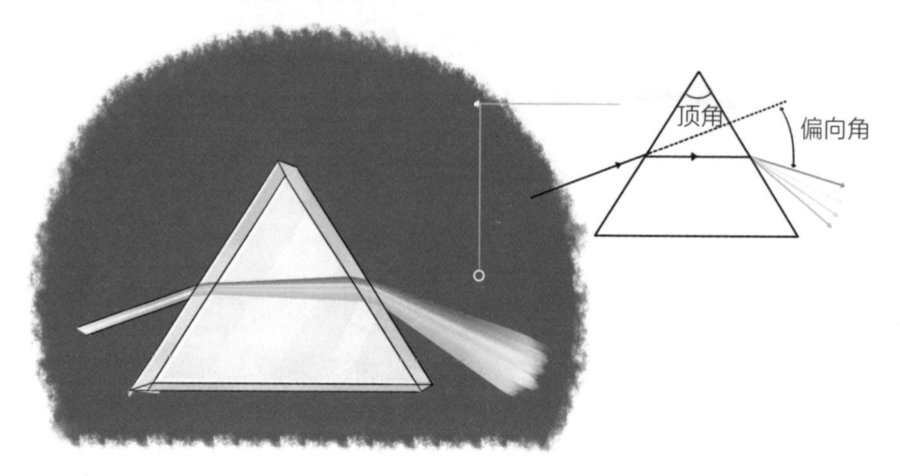

哈哈！我觉得给歌词“挑错”更有意思……啊！我又想起一句，好像和看见的不完全一样呢。

哪一句啊？

“天蓝蓝，秋草香，是心中的天堂”这句听上去没有错。都说“蔚蓝色的天空”，天当然是蓝色的，这总不会有错。可是我家的阳台朝东，早上的天空——我是说很早的时候，天空就不是蓝色的，是金红色的。这是怎么回事呢？

哇！你的发现很棒哦！都说“蓝天”，可有时候天确实不是蓝色的，不光是日出，还有日落的时候……

天蓝蓝——总是这样吗？

光在穿过大气层的时候，有部分光线会和空气分子发生“碰撞”，从而改变它的传播方向。这种现象叫光的散射。散射，就是散漫地射，哪个方向都有，没有规律。人和人不一样，光和光也不一样。有的人目标坚定，一条道走到黑，不撞南墙不死心。有的人随遇而安，容易调转船头，转换方向。不同颜色的光也是如此。在各种颜色的光中，蓝光就像后一种人，容易被散射，被散射到整片天空，所以天空就是蓝色的。

在日出、日落的时候，太阳光中的蓝光、紫光被散射掉了，只剩下红色和黄色的光。这时的太阳嘛，就像个腌透了的咸鸭蛋黄，黄里带红，红里透黄。对着这个“咸蛋黄”，你就可以写作文了，什么“金灿灿的朝霞”“天边绚丽的晚霞”“火红的太阳从海面跃起”“残阳如血”……

那为什么只有早、晚太阳是红黄色的，白天就不是了呢？难道白天就不散射了吗？

白天也散射，只不过——

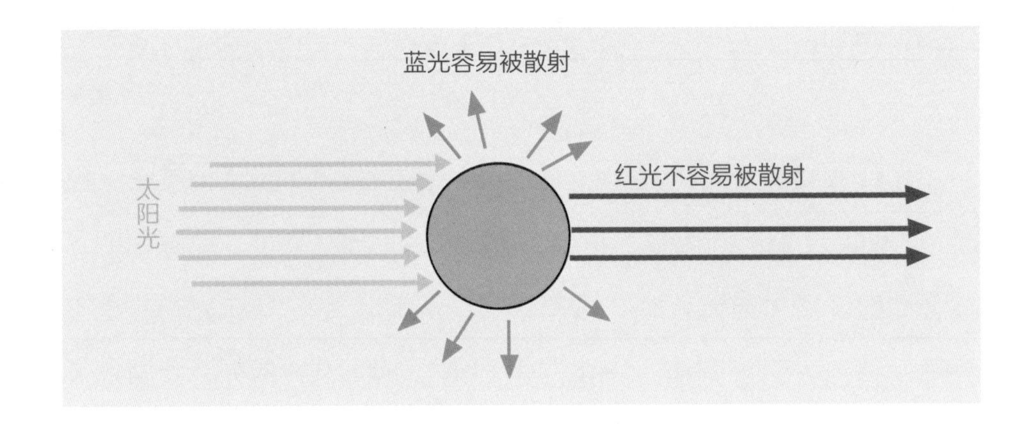

白天的时候，太阳直射地球，太阳光在大气层里穿行的距离比较短，被散射掉的蓝光、紫光就比较少，所以太阳光看起来还是白色的。可早、晚的时候，太阳光斜着入射地球，太阳光在大气层里穿行的距离比较长，被散射掉的蓝光、紫光自然也比较多，这时的太阳光就是红色、黄色的。

你注意过没有？汽车的雾灯是黄色的，刹车灯是红色的。这也是因为红色光和黄色光是那种一条道走到黑、目标坚定的“好同学”，不容易被散射。在雾天，红色和黄色的光能传播得更远，让后车司机可以看到。要是选蓝光做雾灯，那惨了！到了雾天，司机看到前面模模糊糊、蓝汪汪的一片，心里正嘀咕“什么情况？前面是什么东西？”，“咣—— ”撞上了！

嗯，我明白了。《天蓝蓝》这首歌呢，不能说错了，只是有时候天不是蓝的。可有一首歌真的错了，肯定错了。

哦，这么肯定？哪一首呢？

“阳光总在风雨后，请相信有彩虹”，这绝对是忽悠人！并不是每次下雨过后，都能看见彩虹啊，我就经常看不到彩虹。柠檬，你每次都能看见么？

嗯，确实，有时候看不到彩虹……

你看，就是嘛，就是忽悠人呢！

阳光总在风雨后，请相信有彩虹——骗人吧？

下雨后，为什么天上会有彩虹呢？

因为雨后天上悬浮着很多小水滴。这些小水滴就好像一个个小小的三棱镜。太阳光在经过这些小水滴时，就和牛顿做的实验一样，进去时是白光，出来就变成各种颜色的彩光了，所以彩虹就高挂天边喽！

只要下雨后，天气立刻转晴，就一定有彩虹。那为什么很多时候，我们看不到彩虹呢？因为彩虹不是一个实际存在的物体，而是一种光学现象。你没有看到彩虹，只能说你看的那个角度不合适。只要角度对了，一定能看见彩虹。

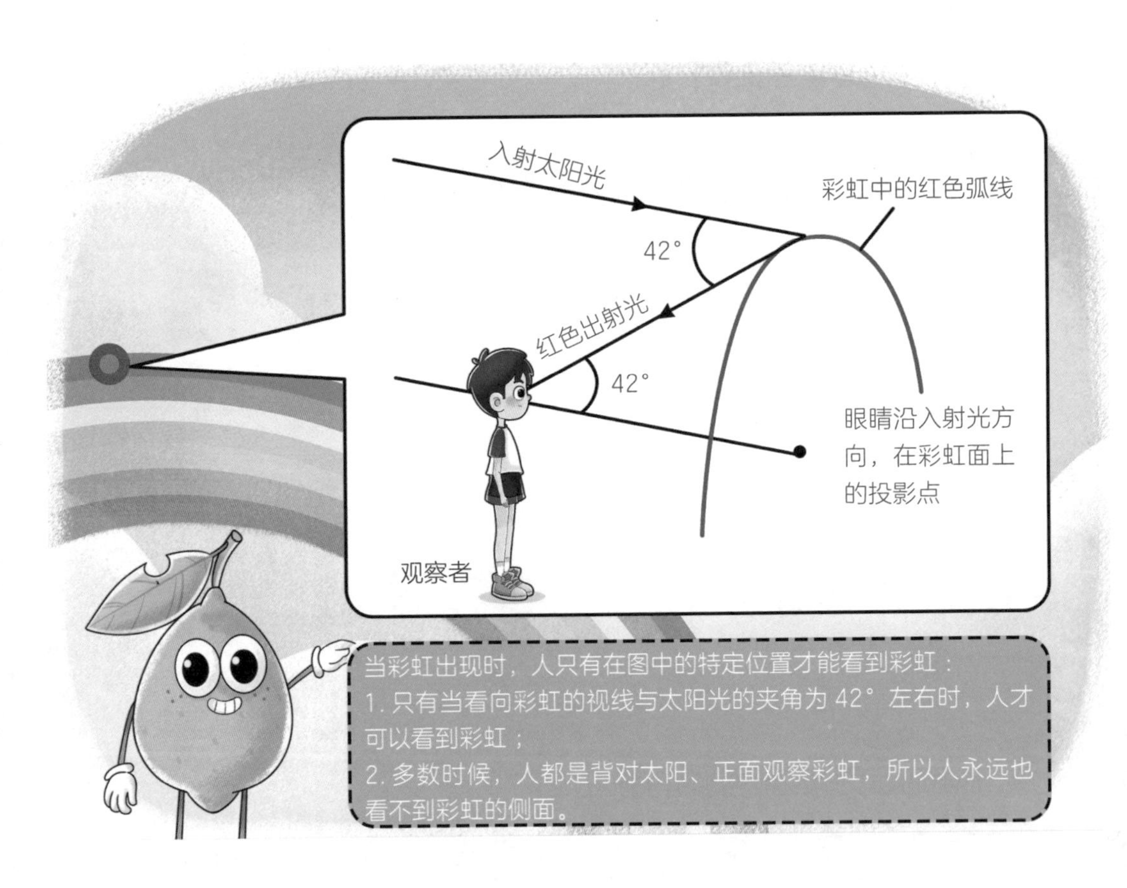

啊，这样啊？“阳光总在风雨后，请相信有彩虹”，我还一直以为这首歌忽悠人呢，敢情真的有科学道理啊！

这首歌呢，不光励志，而且确实有科学依据。不过有一首歌，就只是重在励志，科学上不够准确了。

哪一首呢？

“不经历风雨，怎么见彩虹……”你听过吗？

听过啊。这句话不是挺对的吗？怎么不对啦？

形成彩虹需要两个条件：

第一，要有阳光；

第二，空气中要有很多小水滴，使光发生色散。

请你想想，非要下雨之后，才有这两样么？

阳光下、喷泉边就有啊！只要我们留意，其实经常可以在喷泉，甚至给草地喷水的龙头边上看见一道“迷你版”的彩虹。

啊，那刚才那句歌词岂不是应该改成“不用经风雨，也能见彩虹”了？

呵呵，确实“不经历风雨，也能见彩虹”。不过这首歌的重点不是在这里，是下一句，它告诉人们“没有人能够随随便便成功”。这绝对是千真万确的！

对！我懂。不经历风雨，想看见彩虹的话，也需要有心人，用正确的方法去寻找。只要付出努力，就一定会有收获。

没错！阳光总在风雨后，请相信有彩虹！

第 4 章

什么在烧我的手

柠檬，如果我在这儿点上一堆篝火，我把手放在火苗上方，手就会觉得热，对吧？

对呀，有火在下面烧嘛，肯定手会觉得热了。

可要是我在这儿放一盆很热很热的水，我把手放在热水盆上，也觉得热呢。

也是啊，下面有一盆热水嘛！

那么你用过暖宝宝吗？

我见过暖宝宝，但没用过。我要是用的话，就成烤柠檬了。

哎呀，我是说，把手放在暖宝宝上，也会觉得热。

这倒是真的。怎么啦？没错呀！

可火、水、暖宝宝，这是三样完全不同的东西，它们都能让我的手感到热。我就奇怪了，到底——

热是什么

热是什么呢？它是一种实实在在的东西？还是不可捉摸的精灵？它躲在哪里？在做怎样的游戏？

光是看着这几个问题，柠檬就已经满脸黑线了……汗啊！对于热到底是什么这个问题，人类可是探寻了两千多年。

古希腊人认为，热是一种物质，所有的物体里都含有这种物质。当它释放出来的时候，物体的温度就会上升；把它收回去，物体的温度就会下降。这个说法听上去蛮有道理的，人们把这种物质叫热质。

欧洲人相信热质说，信了将近 2000 年。直到 1798 年，一位热衷研究火药，叫伦福德的英国爵士在一家军工厂里，注意到了这样一个细节：制造炮筒的工人们用钻头来钻炮膛，由于摩擦生热，每过一段时间，工人们就要把炮筒浸到水中冷却一下。伦福德发现，随着工作的进行，水温在不断升高，只要钻头不停地钻，热就可以不停地产生。

这个看似平凡普通的小事，让伦福德的眉毛拧到了一起。

因为任何物质，总有一定的数量。大海里的海水多，也是有数的，不会是无穷无尽的。天上的星星多，也总有个数目，不管人是不是数得过来。

钻头和炮筒里怎么会有这么多热质？难道热质是无穷无尽的吗？不可能！

看来热质这种东西，大可怀疑！虽然伦福德爵士最终也没有弄明白，热到底是什么，但是他对科学问题的热情，值得我们赞赏和学习。今天，还记得他名字的人不太多了，但很多人都享用过他的发明——双层蒸锅和滴漏式咖啡壶。这两件东西为我们的生活带来了方便惬意和融融暖意。

那么热到底是什么呢？ 18 世纪开始发展起来的分子运动论给了我们答案。科学家们认为，所有的物质都是由分子组成的。大人们总说小孩子“你能不能老实待会儿？”其实，宇宙间没有什么东西是老实待着不动的。和小朋友一样，分子们也一刻都闲不住，个个在不停地做无规则运动。当组成物质的分子运动得比较快的时候，这个物质就会比较热；而当分子运动得比较慢的时候，物质就会凉一些。分子运动论，说的就是这些。

柠檬悄悄话

分子是什么？一般人，柠檬不告诉他，除非他上到初三。分子运动论？一般人，柠檬也不告诉他，除非他上了大学。

可你是谁呀！你多聪明啊！我就告诉你！本书第 12 章“寻找最最小，世界真奇妙”中，柠檬会告诉你更多关于分子……嘘！小点声，别让别人听见！

比方说，0 摄氏度的空气，分子的平均速度大约是 440 米每秒；15 摄氏度的空气，分子的平均速度大约是 450 米每秒。在用钻头钻炮膛的故事里，钻头在与炮膛摩擦的过程中，钻头内分子的运动速度加快，从而导致钻头温度升高。只要钻头不停地钻，钻头内分子的运动速度就会不断增加，钻头的温度就不断升高。

宇宙中，最低的温度是零下 273.15 摄氏度，不能比它再低再冷了。无论如何努力，用什么样的方式冷却、降温，都不可能把一个物体的温度降到零下 273.15 摄氏度以下，甚至是达到这个温度都不可能。零下 273.15 摄氏度被物理学家们称为绝对零度。

当一个物体的温度接近绝对零度的时候，这个物体内所有的分子都将不再运动，它们只能乖乖地待在自己的地盘，静静地感受寒冷。所以说，热实际上是分子运动快慢的一种表现。

我还是不明白，火、热水、暖宝宝，到底是什么在烧我的手？就是你说的不停地运动的分子？

对，因为热像接力棒，会从一个物体传到另一个物体——

没长腿，却会跑——热传导

当两个温度不同的物体接触的时候，热量会从高温物体传递到低温物体，这叫热传导。

不同的物质，它们传递热量的能力不同。手脚麻利，传得快的，我们就说它是热的良导体，比如铜、铁等金属。

你吃过火锅吧？为什么用铜或者铁来做火锅容器呢？点上火，一会儿水就开了，就可以涮肉、涮毛肚儿了，好过瘾！要是用木头、棉布、塑料做火锅容器，它们本身就怕火，即使不怕火，要是用这些东西做火锅容器，点上火，什么时候水才能开啊！也许等水开了，人都已经饿得倒在桌子下面啦。木头、棉布、塑料都是热的不良导体，让它们去传热，真是磨磨蹭蹭，太慢了，太难了！

不过，传热太快也伤不起！让你端一下热火锅——哎哟！烫死我了！这时就要垫上一块棉布，别烫到你的小手；在火锅下面垫一块木块，免得烫坏桌子。

良和不良，仅仅是说传热的快慢。慢有慢的好，快有快的好。

不管是火、热水，还是暖宝宝，我们摸着热的东西感到热，是因为热传到了我们的手上。

那摸着冷的东西呢？

你忘了？热量是从高温物体传递到低温物体的。如果我们摸了冷的东西，那么热就会从我们的手上传到冷的物体上。

寒冷的冬天，没有人愿意光着手攥个铁球吧？拿着块木头嘛，还可以接受。我们觉得铁比木头冷，其实它们的温度是一样的，只不过当我们用手去接触它们的时候，铁就像一个神偷，迅速地把我们手上的热带走，所以我们觉得铁更冷。木头这个“贼”就笨多了，半天也没偷走多少。

那我们怎么知道你说的那些分子的运动速度是多少呢？分子也太小了，看都看不见啊。

我们不需要知道分子的运动速度，我们想说一个东西有多冷、多热，用温度就行了。

衡量冷热用温度

古代的炼丹术士根据火焰的颜色来判断温度。火焰呈紫红色时，他们虽不知这意味着 700℃左右，但知道“炉火通红”说明还得继续烧。当火焰由白转蓝，看到“炉火纯青”时，他们就知道火候到了。这时火焰的温度超过了 3000℃。

现在，我们有了温度的概念，可以精准地描述一样东西多热多凉，不用再看这些经验规律了。不过“炉火纯青”这个词留了下来，比喻技艺或学问、修养达到精粹完美的境界。

温度，我知道，天气预报里有“今天夜间，最低温度为 19℃，明天白天最高温度为 28℃”，不过说就说温度呗，干吗还叫摄氏温度？

因为它是瑞典人安德斯·摄尔修斯提出的。

摄氏温度规定：在标准大气压下，水凝结为冰的温度是 0 度，水沸腾的温度是 100 度。中间划分为 100 等份，每等份为 1 度，摄氏温度的符号是℃。

如果你有机会去美国旅游的话，听见天气预报里说明天温度是 90 度，千万别给吓到！柠檬保证你不会被烤熟。美国人用的不是摄氏温度，而是华氏温度。华氏温度的 90 度，只相当于摄氏温度的 32 度。放心！尽管玩吧！

华氏温度是德国人华仑海特提出的，华氏温度的符号是°F。他规定，冰、水和氯化铵混合后的温度为 0 度，自己的体温为 100 度。

你觉得他这个规定怎么样？

有点别扭。说自己体温 100 度，多吓人啊！感觉像开了锅似的，都能下饺子了！

那是因为你习惯摄氏温度了。如果习惯了把大约37摄氏度当作100华氏度，也就没事了。

那……那也不好。自己的体温……他要是发烧了呢？

嗯，我想作为一个正常人，他应该知道自己现在有没有发烧；作为一个科学家，他应该选没有发烧的时候，来做这件事。

呃，也是啊。那……就算没发烧，一个人的体温也是会变的啊，有时 36.7℃，有时 36.4℃……不应该找个经常变化的东西作为标准吧？

对了！你说得对。这么规定是有点不严谨。现在世界上只有美国、开曼群岛等少数几个国家和地区还在使用华氏温度。

毕竟这个世界上还是有人在用华氏温度，如果哪天我们看见一个东西是多少多少华氏度，当别人瞪圆眼睛、看得发蒙时，要是你能说出这个温度相当于多少摄氏度，一定很酷吧！好吧，柠檬告诉你，华氏温度和摄氏温度之间的换算关系是这样的：

$$\text{摄氏度} = \frac{5}{9}(\text{华氏度} - 32) \qquad \text{华氏度} = \frac{9}{5}\text{摄氏度} + 32$$

如果不去美国的话，你完全可以不用记这个公式。因为在我们的生活中，根本用不到它。如果你要去美国旅行，柠檬建议你还是留意一下，免得到了美国，看了天气预报，干瞪眼，还是不知该穿什么衣服。

我送你个玩意儿吧，小克。喏！一个温度计，去量一下从冰箱里拿出的果汁、太阳下的柏油马路、刚做完饭你家的厨房、清晨小区里的草地，都是什么温度。

老土啦你！我这有电子温度计，一划就知道温度，还是数字显示的。你那个还是老式的酒精温度计呢！

啊哦！

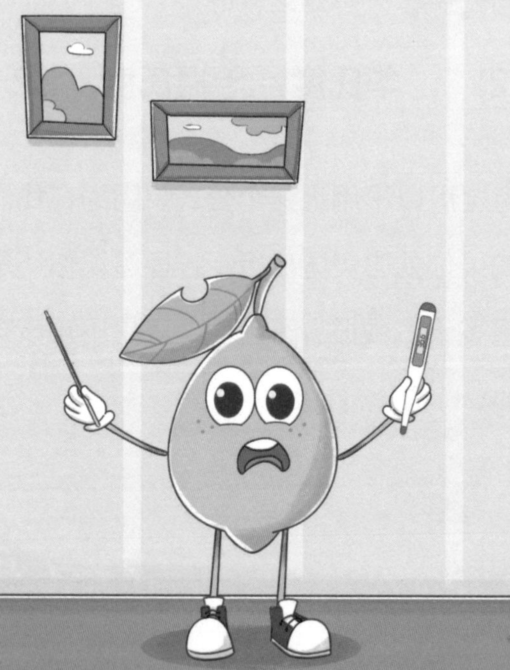

第 5 章

你家的热水器买亏了吗

哎呀！烦死了！我爸爸和妈妈吵架了。

为什么吵架呢？

本来是好事的。我们家要搬新家了……

那是好事啊，恭喜恭喜！

是好事，可也有麻烦事。搬了新家，要买些新家当。妈妈要买电热水器，说是干净、安全。爸爸却想买燃气热水器，因为经济、实惠。

还要买热水器啊？现在不是很多小区都24小时提供热水吗？

那个？！我爸妈才不用呢！他们嫌贵。每吨18元，是挺贵的哈？

哦，是这样。

他们俩一个要买电热水器，一个要买燃气热水器，就为这个谁也说不服谁，就吵起来了。柠檬，你说该怎么办呢？

是电热水器好呢，还是燃气热水器好呢？吼吼，小算盘噼里啪啦响，柠檬帮你算笔账。

你家的热水器有没有买亏了？听我慢慢讲一讲。

能量——看不见的神通

算账之前，我们先结识一种看不见的神通——能量。

拜托！我们家正为热水器的事纠结呢，你说什么能量啊？快快，帮我算算账！

你家热水器的烦恼，归根到底是怎样最省钱，省钱的核心就是节省能量。不懂得能量的来龙去脉，这笔账就别想算清楚。你回家还是没法传递正能量。

那好吧！你说，我听。

能量是一种看不见的神通。它有很多面孔，但我们从来都不知道，它是长是短，是圆是扁。我们只能知道它每次发威的结果：

它能让灯泡亮起来；

它能让大风车转起来；

它能让电视机有画面；

它能让暖气片热起来；

……

它还能让你看见这本书。

能量有不同的形式

什么？我可没插电啊！

你是没插电，可你吃饭了吧？你试试要是三天不吃饭，肯定连站都站不起来，哪里还有力气看书？你的身体把你吃进去的食物转化为生物能，才能支持你走路、说话、打球、跳舞、看书、想事情……

能量可以互相转化

宇宙中，能量的总量是固定的。各种不同形式的能量可以相互转化，比如电灯将电能转化为光能，电热水器将电能转化为热能，核电站将核能转化为电能，翻滚过山车将重力势能转化为动能。无论能量如何转化，能量的总量不会增加，也不会减少，是守恒的，这称为能量守恒定律，是支配宇宙运转的基本规律之一。

能量的单位是焦耳。焦耳是 19 世纪英国的一位物理学家，他的全名是詹姆斯 · 焦耳。焦耳第一个用实验证明了，热也是一种能量，热能和其他形式的能量可以相互转化。

等等，你前面不是说热是分子运动快慢的反映吗？怎么又变成能量了呢？

这个并不矛盾。分子运动的时候有动能，所有分子运动的动能之和，就是物质的热能，也就是热。

焦耳的贡献太不简单了，绝对正能量！为了纪念他的贡献，人们把能量的单位命名为焦耳。焦耳这个单位不大，仅仅 1 克白糖蕴含的能量就有 17000 焦耳。1 听可口可乐的能量是 594 000 焦耳，这些能量可以干点什么呢？可以支撑我们游泳 8 分钟或者慢跑 13 分钟。

热水器大 PK

现在，我们开始解决小克家的大事。

拜焦耳实验所赐，我们知道，热水器的作用就是把电能或者化学能转化成热能，再让凉水吸收这些热能，变成热水。

下面我们就来算算，到底哪种热水器更划算。

我们假设：小区提供的 24 小时热水的温度是 60 ℃，自来水的温度就是室温 20℃。这样热水器的任务就是把水的温度由 20℃

升高到 60 ℃，升高 40℃。

把 1 千克水升高 1℃，需要给水提供 4200 焦耳的能量。所以把 1 吨（1000 千克）水升高 40℃，需要给水提供的能量是：

1000×40×4200=16800 万焦耳

1 度电中蕴含的能量是 360 万焦耳。如果我们用电热水器来完成这个任务，需要多少度电呢？除一下咯！

16800÷360=46.7 度

也就是说，我们要用 46.7 度电，才能把 1 吨水从自来水变成洗澡水。假设自来水的价格是 5 元每吨，电的价格是 0.5 元每度，那么每吨洗澡水的成本就是大约 28 元。

你刚才说，小区提供的 24 小时热水，每吨的价格才 18 元，比这个电热水器可是便宜多了。

啊？怎么会这样？我爸爸妈妈还说小区的热水太贵了呢……那，柠檬，你再帮忙算算燃气热水器，也许比电热水器便宜呢？

没问题！

动动手

如果你家已经安装了电热水器或者燃气热水器，那么你可以通过实验测量一下加热 1 吨洗澡水，要消耗的电或天然气以及要花多少钱。

对电热水器：

① 将热水器里的水排光（拿个盆接着水，别浪费）；

② 读出水表初始数值，然后在热水器里加满凉水，加满水后再读水表数值，计算出用水量 A；

③ 关掉家中所有的电器（包括冰箱）的电源，读出电表初始数值，然后打开电热水器，给水加热，在电热水器自动停止加热后，再读一次电表数值，计算出用电量 B；

④ 计算出加热 1 吨水所需要的电量（$B \div A$）及花的钱。

对燃气热水器：

① 找一个空矿泉水瓶子（瓶子越大，测量越准确），记下瓶子的容量 A，将 A 换算成以吨为单位的数值；

② 读出天然气表初始数值，然后在矿泉水瓶里加满热水，加满水后再读出天然气表数值，计算出用气量 B；

③ 计算出加热 1 吨水所需要的气量（$B \div A$）及花的钱。

现在家用燃气热水器使用的一般是天然气。天然气的能量值是 3700 万焦耳每立方米，也就是说，燃烧 1 立方米的天然气，可以产生 3700 万焦耳的能量。天然气在燃烧时释放出的能量不可能全部被自来水吸收，还会有一部分释放到空气中。我们先假设被自来水吸收的能量，占到燃烧释放总能量的 80%，那么如果使用燃气热水器，把 1 吨水升高 40℃，需要多少天然气，也就是燃气表要走多少个字呢？不难算哦！

$$16800 \div (3700 \times 80\%) = 5.7\ 立方米$$

5.7 立方米的天然气，就是我们说的 5.7 个字，才能把 1 吨水从自来水变成洗澡水。假设天然气的价格是 2.5 元每立方米，自来水的价格仍然是 5 元每吨，那么每吨洗澡水的成本大约是 19 元。

哎，还是我老爸英明！燃气热水器就是比电热水器便宜不少呢，我快回去告诉他！

等等！热水器是哪里来的？大风刮来的吗？那也是要拿钱买的呀。用燃气热水器，每烧 1 吨洗澡水，要花 19 元。不正是跟小区提供的差不多吗？直接用小区提供的热水，连买热水器的几百几千大元都省了。哪个划算呢？

啊！真是呢。不算不知道，一算吓一跳啊！

柠檬悄悄话

不仅仅是烧洗澡水，炒菜、做饭、蒸馒头、烧开水……使用电器加热食物的成本要远远大于使用天然气哟。不信，你可以去算一算。

不好意思！上面的计算不严格。

首先，小区提供的 24 小时热水，可不是一开水龙头就能放出来的，总要先放一段凉水，才能出热水，这段凉水也是按热水收费的哟。所以在实际使用的时候，它的成本是高于 18 元每吨的。

另外，无论是电热水器，还是燃气热水器，都不可能把全部能量都转化为水的热能，总有一部分能量会释放到空气中，也就是白白浪费了。前面在计算过程中，我们认为电能的转化效率是 100%，天然气燃烧转化的效率是 80%，可在实际使用中的效率都是低于这个假设的。

因此实际上，不管用电或燃气热水器的花费都会比小区的热水收费更高。

第 6 章

妈呀！这个实验可不能做

柠檬，你猜我今天干什么了？

做什么了？我猜不到。

我摸电来着……

天呐！小时候，你妈妈没告诉你不能摸电吗？

不是，不是你想的那样，是老师带我们参观科技馆，有一个带电的大球，是讲解员阿姨让我上去摸的，一点都没事。就是……哈哈哈哈……

怎么了？

你看这是当时老师给我拍的照片……哈哈哈哈……

哈哈哈……太逗了！看你那可爱的小傻样！

可是，柠檬，我不明白，从小家长都说了无数遍，不许摸电。可为什么科技馆里那个带电的大球，摸了就没事呢？讲解员说那个带电 100 万伏呢！

这可真是个问题啊！我们家里的插座，里面的电才 220 伏。那个摸了就会死人。你在科技馆摸 100 万伏，除了让人爆笑，居然什么事都没有。

听起来，真没天理噢。

呵呵，你看，我这儿有个气球。来！在你衣服上蹭蹭，一二三四，好了！看！它粘在墙上了。柠檬保证：在气球从墙上掉下来之前，我一定能让你明白！

静电不文静

电分两种：一种叫正电，另一种叫负电。你不用太纠结它们为什么叫正和负。其实就像我叫柠檬，你叫小克一样，这就是个名字，就是为了区别两种不同的电荷。

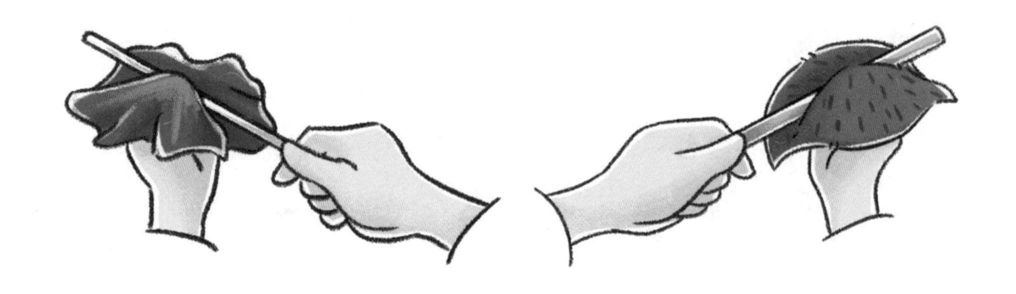

人们把丝绸摩擦过的玻璃棒上带的电，称为正电荷；把皮毛摩擦过的橡胶棒上带的电，称为负电荷。

你身上就有电，我也一样。这个气球，别看就这么薄薄的一层，也带了很多很多电荷。可为什么我们没电到别人呢？因为通常情况下，你、我和我们周围的物体一样，身上正电荷和负电荷的数量是一样的，所以看上去好像不带电。用专业术语来说，我们的这种状态叫作电中性。

可要是像柠檬刚才那样，拿着气球在你的衣服上蹭啊蹭啊蹭，一部分负电荷就会从衣服跑到气球上，那么衣服和气球上的正电荷的数量就不再等于负电荷的数量了。它们的电中性就都被破坏了。

这种现象叫作摩擦起电。摩擦产生的电都是标准的“宅男宅女”，它们只能老老实实地待在被摩擦过的物体上，所以这种电又叫静电。

哦，静电啊？这个经常听说。在冬天，有时候一脱衣服就会听到“噼啪”的声音，要是没开灯的话，还能看见闪光呢！我爸说这就是静电弄的。

对！有时候两个人的手碰到一起，会突然被电到。早上起来梳头时，头发站在脑袋上跳摇摆舞……这些都是静电干的。

柠檬悄悄话

静电不发威，你就当它很文静吗？真是天大的误会！

它们“宅”在被摩擦过的物体上，不是不会动，而是没有机会动。一旦有机会，它就在指尖“啪”地一下，让你一惊！静如处子，动如脱兔。天上雷鸣电闪也是静电不为人知的另一面。没想到吧？本套书《地球，太有趣了！》第 11 章“柠檬气象台”会告诉你，它还有这一手！

“动电”叫电流

除了静电，我们家中的电灯、电视、电冰箱、电饭煲……里面都流淌着电。这种电可不是平日一动不动、关键时刻一击致命的静电，而是一群脚步一刻不停、浩浩荡荡，从发电厂一路奔向你家的大军！

那跟静电不一样，就叫“动电”呗！

呃，确实是动的，可是不叫动电，叫电流。

我们老说“水往低处流”。水自动地就会从水位高的地方，流向水位低的地方。同样的道理，正电荷也会从电位高的地方，流向电位低的地方。高电位和低电位之间的电位差，就是人们说的电压。

电压的单位是伏特。刚才你说的“100 万伏”和我说的“220 伏”，就是“100 万伏特”和“220 伏特”的简称。

小克“摸电”是怎么回事

36！你一定要记住这个数字：36 伏特！

人体所能承受的安全电压不高于 36 伏特。绝对不能比 36 伏

特再高了。柠檬老是说，要有实验验证，要有证据……这次，妈呀！这个实验可不能做！你知道就够了。

可我在科技馆摸了100万伏特的电，为什么安然无事呢？

你摸的那个球，是一个静电球，100万伏特，指的是静电球和地面之间的电压。你在摸静电球的时候，不是踩在地上吧？肯定是站在一个台子上的。

没想到吧？这个被你踩在脚下默默无闻的家伙，就是你的保护神！它是绝缘的，因为它的存在，使得你和地面之间不导电，所以你的身体实际承受的电压并没有100万伏特。在这个看上去约等于“送死”的危险游戏中，其实你是安全的。

在其他地方，你脚踩的是地。地和你都是导电的，所以绝对不可以摸电！事关你的安全，柠檬要啰嗦一句。

电压与电流

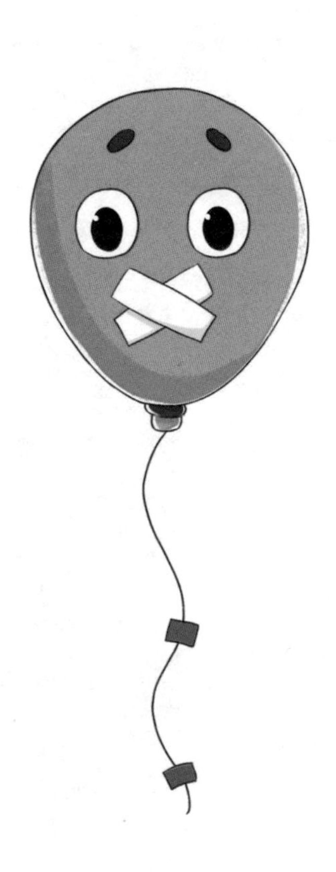

其实，真正对我们的身体产生危害的，并不是电压，而是电流。

电流是一个物理量，描述的是一段时间内一段电路中流动的电荷量。就像水流动的时候有水流一样，电流动的时候，也有电流。电流的单位是安培。

人对电流是十分敏感的。只要有小小的千分之一安培的电流进入身体，“咝”——人就有感觉了！

当进入人体的电流达到 0.01 安培时，“哎哟！疼！”

达到 0.02 安培时，身体迅速麻痹，呼吸困难，“啊——”

达到 0.05 安培时，心脏会开始震颤，不好！

达到 0.09 安培时，心脏会在 3 秒钟内停止跳动！

太可怕了！

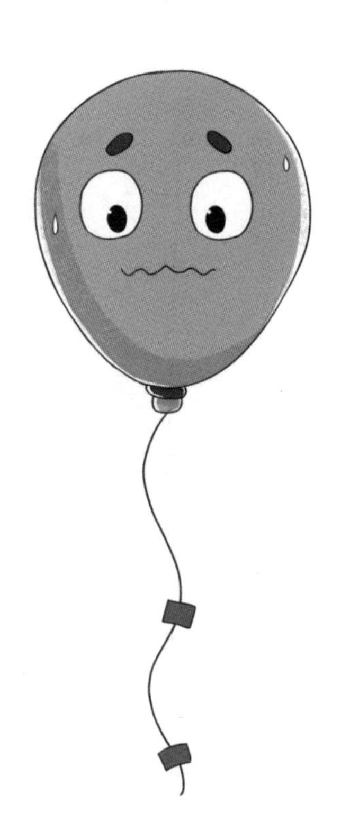

当我们接触到的电压小于 36 伏特时，流过我们身体的电流一般不会超过 0.05 安培。所以说，36 伏特以内是安全的。一旦高于这个电压，进入人体的电流绝对是十分危险的！

妈呀！这个实验可不能做！你听听就好了。

啊，原来是这样的。

看！气球没掉下来吧？我说什么来着？

嗯，你真行！咦？不对！这不是摩擦起电产生的静电吗？静电不是不能移动吗？那气球当然不会掉下来了。啊哈，柠檬，你骗我！你这个坏家伙！

柠檬安全须知：

① 只可以拿插头上塑料的部分，不要接触金属部分。

② 不要用任何东西去捅插座上的插孔。

③ 远离被风刮断的电线。

④ 如果电线的金属头浸在水中，不要碰那水！因为水是导电的。

⑤ 雨后或者雾天，不要在高压线下行走。

第 7 章

想不想看电池里面

柠檬，我想知道，电池里的电，是怎么装进去的？这个鬼东西！有了它，我的小火车就能呜呜地跑，就可以用手机给地球那一头的人打电话。

哦？

汽水喝完了，瓶子就空了。可电池没电了，还沉甸甸的。你说，里面真的空了吗？

呃……

外出旅游的时候，妈妈把大瓶的洗发水倒到一个小瓶子里带上。我也可以把大电池里的电，倒到小电池里吗？

这个……

柠檬，从小我就想知道，电池里面是什么样的？是不是整整齐齐地，装满了你说的什么正电和负电，像一盒黑白两色的巧克力一样？

哇！真有这样的电池，我都想吃一口！呵呵。好吧，那柠檬就带你到电池里面看一看。穿越时空隧道，看看电池的前世今生。哈哈，说来好笑，电池的问世竟然和一只死青蛙有关……

什么？电池？和青蛙？

死青蛙的腿动了……

1786 年的一天，一位叫伽伐尼的意大利生物学家正在解剖一只青蛙。解剖的目的是详细了解青蛙身体的结构，所以伽伐尼的手边，各种解剖器械整整齐齐地摆了一排。伽伐尼根据需要，不时地换用。

这时，发生了一件很不起眼的事——也许换了别人，根本就没当回事。可科学史上的那些发现，就是不偏不倚，每次都落在那些心细如发、明察秋毫，不肯放过一丝疑问的人身上。伽伐尼就是这样的人。他无意中发现，如果他用两种不同金属制造的器械同时碰触青蛙，青蛙的肌肉就会抽搐一下。

咦？怎么回事？伽伐尼不由得一惊。要知道，这是一只死青蛙，不会有感觉，不可能觉得痒痒或者疼痛。怎么会动呢？猜测着，犹疑着，伽伐尼换了一把解剖刀，这时两只手中的金属器械是同一种材料制造的。再次试着去触碰青蛙，这次青蛙一动不动，不再有刚才的反应。

为什么？

伽伐尼认为，出现这种现象，是因为青蛙体内产生了一种电。他把这种电叫作“生物电”。

可伽伐尼的同胞、物理学家伏特对此有完全不一样的看法。他也认认真真地重复了伽伐尼做过的一切，也真真切切地看到了伽伐尼看到的全部。可是他并不认为，这个实验结果就能说明存在生物电。他说：这是化学反应造成的。不信？我现在就做个实验给你们看。

伏特把两种不同的金属片浸在某种溶液里。可不是吗？在这两种金属中，只要有一种能与溶液发生化学反应，那么金属片之间就能够产生电流。

这跟青蛙有什么关系？青蛙腿上沾满了体液，就相当于伏特实验里的溶液。

好了，真相大白！

1800 年，伏特发明了伏特电堆。呵呵，电堆？名字是老土了点儿，可它是今天我们用的各种电池的老祖宗，是正宗的电池前传。

柠檬悄悄话

没有张冠李戴！你在别的书上，看到的更多是“伏打电堆”。伏特和伏打，仅仅是不同的翻译叫法，都是同一个人。为了不闹出“伏特发明了伏打电堆”这种看了让人发蒙的话，我们这里还是叫“伏特电堆”吧，你说呢？！

伏特电堆最早使用的两种金属是锌和银，溶液是盐水。这汤汤水水的家伙也就是在实验室里给人看看，真放到你的电动小火车里——咔啦咔啦……没开两下，流汤儿了……谁敢把它揣在兜里？谁乐意用它？

发光的灯泡

在实验中模仿伏特电堆的实验，将铜片和锌片浸入稀硫酸，两块金属板之间就产生了电压，可以点亮灯泡

电池装的不是电

伏特之后，不断有人设计制造出更方便、更好用的电池。

1860 年，法国的普朗泰发明了铅蓄电池，它可以不断地放电、充电。汽车启动时使用的电池，就是一种蓄电池。我们现在使用的手机电池、笔记本电脑的电池，都是蓄电池。

1887 年，英国人赫勒森发明了干电池。“干”的意思是，这种电池里用糊状物质代替了伏特电堆里的溶液。没有了大水冲了龙王庙的顾虑，干电池体积小，便于携带，很快就风靡世界。

柠檬悄悄话

电池是有正负极的，安装和使用电池时，一定别弄反了。否则，可能烧坏电器。

不要用一根导线连接电池的正负极。这叫短路，会烧坏电池的！

柠檬已经带你看了电池里面的真面目了，你就不要再自己打开看了，电池里面使用的物质通常是有毒的，危险！

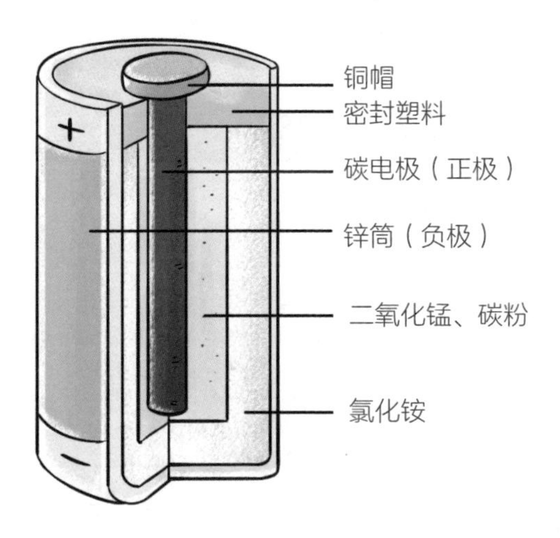

啊，原来电池里面装的是这些。

对。可以说，电池里面装的不是电。

那也就不可能大瓶倒小瓶，像倒洗发水一样，把大电池里的电倒到小电池里了？

是的。你拿改锥干嘛？真想撬开电池看看吗？千万不要！废旧电池里含有大量的重金属及有害物质。小小一枚纽扣电池就能污染600立方米的水，相当于一个人一生的用水量。一节5号电池会使1立方米的土地彻底失去种植价值。

噢，怪不得废旧电池属于有害垃圾呢，原来是这样。

感谢支持环保
有害垃圾

动动手

伏特使用了锌、银和盐水来制作电池，今天，柠檬教你制作柠檬电池。试试看！

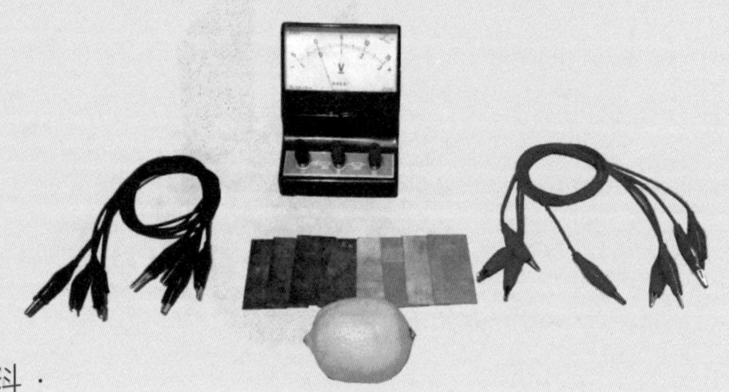

1．准备材料：

· 几个柠檬；

·光亮的铜片，如果没有铜片，可以用 5 角钱的硬币代替；

·光亮的锌片，如果没有锌片，可以用镀锌的螺丝钉代替，在大部分五金商店都能买到；

· 导线若干；

· 电压表一个。注意，柠檬电池的电压在 1 伏特左右，需选择量程为 3 伏特或 5 伏特的电压表。

2．用手不断转动并挤压柠檬，让柠檬变得“柔软”。这样做是为了让柠檬内部产生更多的果汁，从而使发电效果更好。这一步很重要哟，千万不要偷懒！

3．将铜片和锌片分别插在柠檬两端的 1/3 处，注意铜片和锌片的表面一定要光亮，如果有污点，要用百洁布擦干净。铜片和锌片不要插得太浅，但也不要太深。

4．用导线将柠檬电池和电压表连接起来，注意铜片接正极，锌片接负极。这时可以看到电压表指针偏转，说明柠檬电池已经开始发电了。

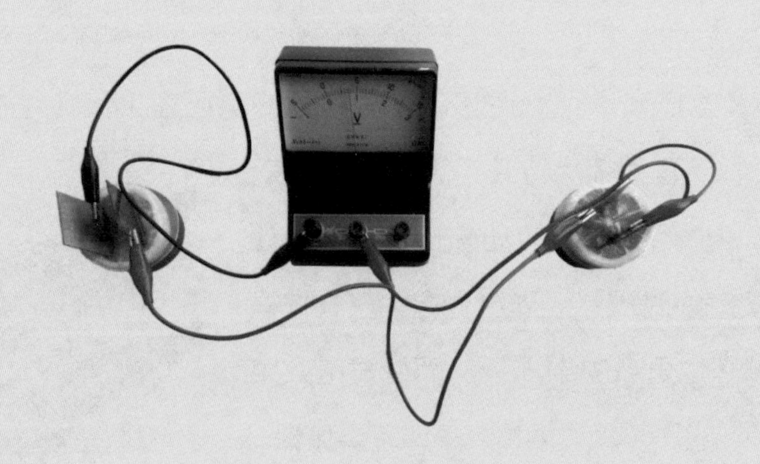

第 8 章

悬在铁轨上飞奔的火车

马上就到小长假了，爸爸妈妈要带我去旅游呢，嘿嘿！

好呀好呀！去哪里玩呢？

就是没想好呢。现在有了高铁，能去的地方蛮多的，这倒费脑筋了。

哦？高铁？

高铁就是高速铁路，是时速 250 千米至 350 千米的铁路。有了高铁，现在从北京到上海就只要不到 5 个小时了，过去要睡上一个晚上才能到呢。

哇！你真厉害！这都知道！怪不得人说，现在的小孩不得了呢。

这有什么，我还知道，高铁使用的车厢，都是动车车厢，就是每节车厢都有动力的，不像以前那种火车，只有火车头才有动力，其他车厢都靠火车头拉着跑。

你知道的真多！你听说过一种更快的列车吗？每小时能跑 400 千米以上，列车都不挨着铁轨，悬在轨道上飞奔。

你说的是磁悬浮列车吧？

你要说是个肥皂泡泡嘛，悬在空中，那不稀奇。你要说是个超薄的塑料袋嘛，飘在空中，没有风的话，最终也会掉下来。

一列火车，钢铁之躯！长得一眼望不到头，十多节车厢，数以千计的乘客，还有行李货物，堆山填谷的，这么一个庞然大物，居然像轻飘飘的肥皂泡一样，离地而起，悬在空中！这是什么样的神奇力量？

答案是：磁——

磁悬浮的“磁”

说到磁，谁还没玩过吸铁石啊！你脑子里肯定浮现出这一幕：啪的一下，就给吸过去了。

说到磁，我们最直接的第一印象就是：吸引。磁铁会把铁吸住，牢牢的！想掰开，还真得费点劲呢。

除了吸引，磁还会排斥，连边儿都没挨上呢，就给推开了。你见过吗？

不是吸铁石吗？都是给吸过去的啊，没见过你说的推开。

你说的吸引，是磁铁和铁之间，确实都是吸引。可磁铁和磁铁之间呢，也全是吸引吗？

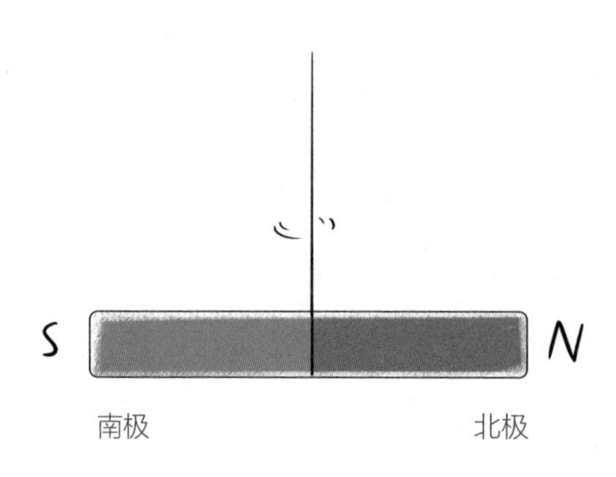

这里有一小块磁铁，我们用细线把它吊起来。它先会自己转几下。当它静止下来以后，必定是南北指向的。指向北方的那一端，叫作磁铁的北极，指向南方的那一端，就是磁铁的南极喽。

这个我知道，指南针不就是这样的吗？

对啦！指南针是我国古代的四大发明之一嘛。

电有正电和负电之分，同样，磁铁也有南极和北极之分。

一个带电物体可以只带正电或只带负电。磁铁就不一样啦，磁极是一对形影不离的好兄弟，绝不耍单儿。每一块磁铁上必然同时存在南极和北极。就算你把一块磁铁一劈两半，每个半块上还是一头是南极，一头是北极。你休想找到一块纯是南极或者纯是北极的磁铁。

虽说科学家们也说不清这是为什么，但这件事情已经是肯定的了。如果你想挑战一下权威，立志踏破铁鞋，去找一块纯是南极或

者纯是北极的磁单极，给世人看看，柠檬诚恳地劝你还是把这个时间用来看这本书吧！别白费力气。

磁铁的磁极之间存在磁力的作用。南极和北极之间的力是吸引力，而南极与南极之间、北极与北极之间，都是排斥力，也就是说，同极相斥、异极相吸。

百年前的梦想

“更高、更快、更强”是人类永恒的追求，不但对自身是这样期望的，对自己发明的东西，也无一例外地这样要求。火车这种极大地延伸了人类梦想的文明产物，人类在欣喜之余，也从没停止过希望它快点、快点、再快点！

可是火车轮子总要与铁轨相接触，车轮与铁轨之间就免不了产生摩擦力。摩擦力是个甩不掉的捣蛋鬼，时时刻刻拖后腿。你想快点、快点、再快点，可它就是不松嘴。

飞机为什么就能比火车快那么多呢？人家没有铁轨拖泥带水嘛，上下四周，谁也不挨着。想到这里，1922 年，一个叫赫尔曼的德国人干脆来了个爽快的：咱让火车不挨着铁轨，行不？

真敢想！可是怎么做到呢？

磁不是有同极相斥这个性质吗？如果能够利用磁的排斥力，让火车轮子离开地面，也不用离开得很多，一点点就够了。那不就不用为摩擦力伤脑筋了吗？只要磁力足够强大，就能办到。

离开地面，悬在空中，像可乐里的冰块，像雪顶咖啡里的冰淇淋一样，悬浮着，这就叫磁悬浮现象。

想得挺好！可上哪里去弄那么大的磁铁啊？要产生能把整个列车抬起来的磁力，可不是一般的磁铁能做得到的呀！

这个想法真是超前！

现在我们知道了，可以用电磁铁。可那时毕竟是 1922 年！电磁技术水平和现在相比，不可同日而语，况且第一次世界大战才刚结束 4 年，作为战败国的德国，连战争赔款还没还完呢，哪有力量干这种烧钱的事？限于当时的种种条件，这激动人心的磁悬浮列车，还只能是设想、畅想加梦想。

电流会产生磁效应，拿耳机自己试试就知道了，别忘插电！

梦想成真

仅仅半个世纪后，梦想成真！能把整列火车悬起来的强磁场造出来了，支撑这样强磁场的发电机搞定了，一些关键的技术难关攻克了。以德国和日本为首的一些国家，开始研究、制造磁悬浮列车。

现在，磁悬浮列车在实验中的速度可以超过 500 千米每小时。2003 年 1 月 4 日正式开通运行的上海浦东磁悬浮铁路，是目前世界上唯一投入商业运行的高速磁悬浮铁路。呵呵，柠檬我还坐过呢！从上海轨道交通 2 号钱的龙阳路站，开到浦东国际机场，只要 8 分钟。哗！那感觉，真像飞一样！坐上去，还没回过味儿来，已经到站了。

你怎么像猪八戒吃人参果一样？

那不怪我啊！要知道，最高时速达到 430 千米每小时哎！换了你也一样，连新鲜劲儿还没过呢，就到了。

哎呀！以后要是铁路都弄成磁悬浮的，那可太方便了！出去玩，就有更多可去的地方了。

这个呢……

磁悬浮列车速度快、能耗低，是未来铁路发展的方向。不过和普通铁路相比，它的建造成本可是很高呢，对施工质量的要求就更高了。尽管摩擦阻力的问题消失了，安全稳定的问题又来了。看看任何一个浮在空中的东西吧，不管是柳絮，还是泡泡，都不稳定，一碰就动，一吹就跑。磁悬浮列车不单悬在空中，还要高速运动，如果不稳定，那可怎么好？怎么能只让列车悬浮，不让乘客悬心，可真不简单，还有不少技术难题等待解决呢。所以到目前为止，世界上还没有哪一个国家大规模使用高速磁悬浮技术来修建铁路。

哦，搭磁悬浮列车外出旅游，看来还比较遥远。有个眼前的事，我正想问你呢！

是小长假去哪里玩吗？这个好说，只要你肯带我一起去，去哪里都行。

哎呀不是啦！这个问题解决不了，哪里都去不成。你别做梦了！

什么问题呢？

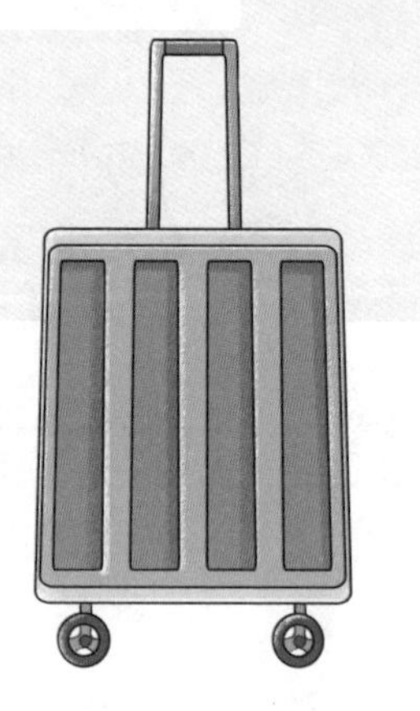

第 9 章

谁消了银行卡的磁

是这样，我妈妈遇到个麻烦事。昨天她的卡消磁了。要换个新卡，需要出示身份证。刚好她没带身份证，所以没有换成。银行卡现在还用不了呢。

哦，原来是这样。

很奇怪哦！是不是银行卡的质量不好啊？为什么会用不了呢？消磁是怎么回事？我有点担心，卡消磁了，会不会我们家存在银行的钱，也没有了呢？

放心吧！钱跑不了，一分也不会少。你先别担心！我先讲一件好玩的事，你知道——

“磁”字是怎么来的？

大约在战国时期，中国人就已经认识到有一种特殊的石头，能够吸引铁，并给这种石头起名叫“慈石”。为什么是“慈”，而不是“磁”呢？

很好玩！当时的人们认为，石头是铁的母亲，但石头有慈的和不慈的两种，慈爱的石头是好妈妈，能吸引她的子女；不慈的石头

是不称职的母亲，孩子都跟她不亲，就不能吸引铁。哈哈！多有爱的解释！

据说，秦始皇的阿房宫里，就有一扇大门是磁石做的。如果有刺客身上藏着短刀啦、匕首啦之类的兵器，企图潜入宫中行刺秦始皇，那么当他走到这扇门前时，就会被磁石吸住。守门的卫兵就会发现刺客。可以说，这是两千多年前的安检。

今天，磁这位“铁的母亲”的安保任务还在继续。你在机场、地铁、火车站过安检时，要通过一个小门，那个门里就有一个磁场。如果人身上有金属，小门就会“嘀嘀”报警。

磁卡的秘密

现在，即使兜里没有一毛钱，你也照样能行九城吃八方。可是要让你离开磁一天，现代人几乎寸步难行！不信？去看看你家的那些卡——储蓄卡、信用卡、充值卡、购物卡……统统都有磁，都是磁卡。

我也见过这些卡，轻轻一划，就能取钱、买东西了。

这是为什么呢？这些卡有什么秘密？

别看啦！别看我们家银行卡号！这是秘密，不能让你看见。

哟哟，还挺懂的！你以为秘密只是写在卡面上的卡号吗？

磁卡的全部秘密，其实都藏在卡片背面的黑色磁条里。什么？你说黑乎乎的一片，什么也看不出来？当然，你拿眼睛看，是看不出来的。

磁条里，排列着很多小磁针。前面柠檬说过，小磁针有南极和

北极。假设我们规定，小磁针的北极指向上方的时候，它代表数值 1，北极指向下方的时候，它代表数值 0。这样，每一个小磁针都相当于一个二进制的数码，成千上万个小磁针在一起，就组成一串数字化呈现的信息。

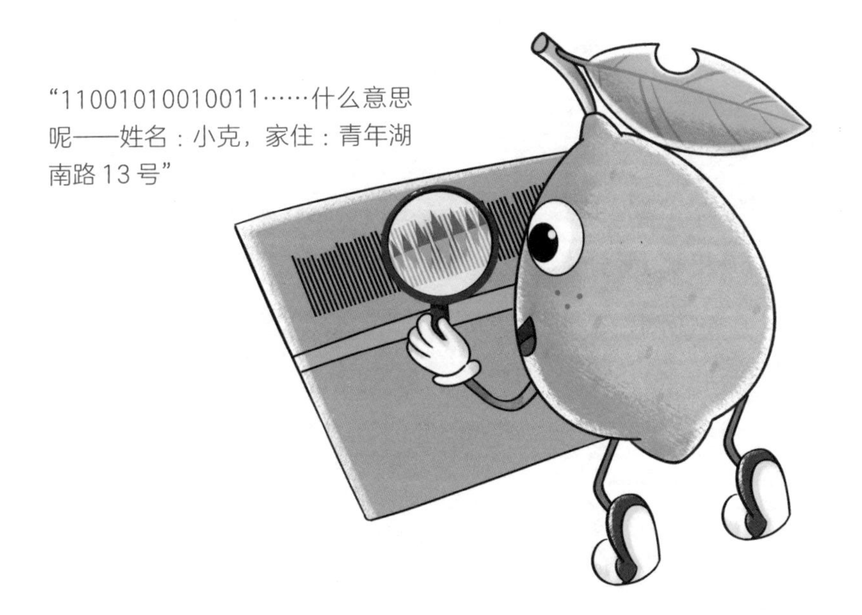

到底是什么信息呢？以你家的银行卡为例，这组信息包括银行代码、卡片账号、卡片有效日期等并不太多的数据，大体就是银行存折首页上写的那些文字和数字。别担心！磁条好比小丫鬟拿钥匙——当家不主事，它并不记录你卡里有多少钱。所以，即便卡片消磁了，你家在银行里的存款也不会消失，不用紧张噢！

有的地方叫“刷卡”，有的地方叫“挥卡”，有的地方叫“拉卡”，不管叫什么，磁卡从一个窄窄的小凹槽里快速通过，其实就是被读卡器检阅。读卡器的工作就是读取每根小磁针的方向，得到那串

11001010010011……的二进制数码，并把它翻译成人能看得懂的话，也就是得到了磁卡里的信息。

所以每根小磁针的方向都非常重要。要是小磁针来个“向后转”，哪怕只有一根，读出的信息就差了十万八千里。

柠檬悄悄话

明明有好用的十进制数字，一目了然，干吗要用二进制呢？二进制数码是怎么换算成十进制的？这可就是个数学问题了。请看本套书《数学，太有趣了！》第 11 章“十进制不是天上掉下来的”。

一般情况下，这些小磁针的方向不会改变。不过，当有比较强的磁场接近它们的时候，部分小磁针就会受到强磁场的作用而改变方向。读卡器读取磁条时，就傻眼了，读不出来了。这时我们会看到，工作人员皱着眉头，一下一下地刷了几次，还是没读出来，就会告诉你：“卡用不了了，消磁了！”

磁卡“防身”秘笈

怎么能保护磁卡不被消磁呢？那就要让磁卡远离强磁场。磁铁、手机和带磁扣的钱包都可能悄悄作案。电视、音箱更是带有强

磁场，把磁卡放在附近，很有可能让大量小磁针“倒戈”，造成磁条集体“失忆”。所以一定要让磁卡远离这些暗中打劫的恐怖分子！两张磁卡放在一起时，不要让它们的磁条互相接触。

柠檬悄悄话

很多银行卡、门禁卡、公交卡、会员卡，它们的身上都没有磁条，而只有一块芯片。和传统的磁卡相比，芯片卡更加安全，对磁场的抵抗力也更强，一般不会发生“消磁”事件。

我回家要去看看我妈妈的银行卡，是不是和手机放在一起了。

哈哈，学以致用，说干就干啊。

对了！也许是她钱包里卡太多了，磁条和磁条贴在一起了呢？也许是……

不要靠近我！

第 10 章

为什么我的微信刚好飞进你的手机

哎呀！好悬好悬！差点让我妈知道了！

干什么坏事呢？还背着你妈？

不是坏事。今天是我妈妈生日，我和爸爸说好了要给她一个惊喜。我刚才发微信是告诉爸爸，我把给妈妈的礼物藏在哪里了，让他小心，别露馅。可我发送时，不小心，差点发到妈妈那里。

哦，原来是给妈妈的爱心啊！

真吓我一跳！哎，你说，世界上有这么多人，为什么我在手机上一选中“爸爸”，我的微信就能飞进他的手机？为什么微信就不会“走错门”呢？

这个嘛，让我想想，嗯，和电磁波有关。

电磁波？什么东西？

电磁波不是东西，可——

身边尽是电磁波

尽管看不见、摸不着，可我们的身边时时刻刻都有电磁波。

哦，不！电磁波也不都是看不见的，也有看得见的。

顾名思义，电磁波是电和磁的结合体，知道它是怎么被发现的吗？没想到吧，近在身旁、时刻围绕着我们的电磁波和远在天边、遥不可及的海王星一样，在科学史上，都被称为“笔尖上的发现”。

1831 年，英国物理学家法拉第发现了电磁感应定律，提出了电场和磁场的概念。

关于法拉第这个人，柠檬可是大大地有话要说。因为他的成长故事，比任何一部励志大片都精彩动人！

柠檬悄悄话

笔尖上怎么能发现海王星呢？太不可思议了！千真万确，这是人类智慧的闪光，是一个关于信念与执着、傲慢与偏见的故事，一波三折。请看本套书《天文，太有趣了！》第 9 章“柠檬号太阳系飞船（下）”。

法拉第：从童工到科学家

和今天的名人大都毕业于名牌大学不同，法拉第连小学都没能读完，就因为家境贫困，离开了课堂，在一家书店当学徒，从事图书装订工作。法拉第热爱科学，这个工作对他来说，薪水虽然不多，但也有一桩好处，就是看书管够！他如鱼得水地阅读书店里的科学书籍，如饥似渴地学习科学知识。

一个偶然的机会，法拉第听了英国皇家科学院戴维给公众做的科普讲座，如痴如醉。戴维是当时英国最具魅力的科学家，他超凡的魅力和出众的口才，使当时的社会名流和上层贵族都把听他的科学讲座当成一种时尚，竞相追逐。那个狂热劲儿，丝毫不亚于今天去听超级明星的演唱会。

法拉第可不会像听演唱会那样，光听听就完了。他认认真真地做了笔记，还用自学来的知识补充润色，精心配了插图，更用上自己的装订手艺，做成一本《戴维爵士演讲录》，封面烫金，工整漂亮，连同自己的一封求职信，一并寄送给戴维。

戴维看了非常震惊，没想到一个一穷二白，连学都没上过多少的小小订书匠，竟然能把自己的四次演讲，整理成一部条理清晰、图文并茂，长达 380 页的著作。他被这个年轻人的毅力和才华深深打动，同意他做自己的助手，来皇家科学院工作。

多年之后，名冠一时的科学家戴维这样回顾自己："我一生中最重大的发现，就是发现了法拉第！"

亲爱的小朋友，如果你问我，法拉第的电磁感应定律到底说的是什么，简单地说，它告诉我们变化的磁场能产生电场。这个对于现在的你来说，可能有点不好理解。不过，你应该知道的是：如果没有电磁感应定律，就不会有电磁炉带来的洁净方便，也不会有手机带来的无穷乐趣，更不会有发电机带来的翻天覆地的巨大变革，电报、无线电什么时候能登上历史舞台，还真不好说，也许，剧场和戏园子会空前繁荣，因为通过电视信号，把文艺节目传进千家万户，还是天方夜谭。

当年，对法拉第的发现，也没几个人能真正理解。当他发明制造出了世界上第一台直流发电机，在英国皇家学会报告自己的成果时，有人问他，这个发现有什么用？他反问："新生的婴儿有什么用？"英国的财政大臣也问过他，电磁感应定律能用来干点啥，他回答说："总有一天，您可以对它收税的，大人！"

巨匠之路，从无平坦，充满艰辛。法拉第平凡的出身，让他屡遭羞辱和白眼。戴维的夫人就一直拿他当仆人一样呼来喝去，甚至拒绝跟他同桌吃饭，撵他到仆人那桌去吃。心胸开阔的法拉第，对这些从不放在心上。

当法拉第凭借对电磁学开创性的贡献名扬四海时，他依然淡泊名利，谢绝担任英国皇家学会会长、皇家科学院院长，放弃了国王册封的贵族头衔。英俄战争期间，英国政府请他主持研制用于战争的毒气，被他断然拒绝。

从一个卑微的童工，成长为那个时代最伟大的科学家，法拉第留给我们至今享用不尽的宝贵财富，既有物质上的，更有精神上的。

麦克斯韦的贡献

法拉第身后，另外一位英国物理学家麦克斯韦继承了他的思想，仔细地研究了当时所有的电学和磁学的规律，给出了一个方程组，史称麦克斯韦方程组。

麦克斯韦方程组是什么样的啊？

挺复杂的，都是些曲里拐弯的符号。你要到大学才能学到呢，那是一个偏微分方程组。

哇！听上去好高深啊！

不用担心！这个方程组不是我们要说的重点，重点是它的一个解。

你开什么玩笑！我可不会解你说的那个方程。

没让你解方程，麦克斯韦自己就解了。

他得到了一个很有意思的解，这个解预示了：电场和磁场在相互转换的过程中，会以波动的形式向外辐射能量。

麦克斯韦把这个波叫作电磁波。

从方程组中，麦克斯韦得到电磁波的传播速度为 30 万千米每秒。

当时，科学家们已经精确地测量出光的传播速度就是 30 万千米每秒。

电磁波的速度居然和光速一样，麦克斯韦认为这并不是巧合，光就是一种电磁波。

虽然麦克斯韦从理论上得到了电磁波，并且认为光也是电磁波，可是直到他 1879 年去世，人们也没有能够找到电磁波。1888 年，德国物理学家赫兹第一次在实验室中证实了电磁波的存在。

电磁波犹如给人类插上了一双隐形的翅膀。自此，各种新技术迅猛发展。

说到这儿，你可能还是觉得电磁波很神秘，是令人生畏的高科技，和一些庞大的仪器、密密麻麻的按钮有关……

那么咱们就像上体育课一样，让电磁波从高到矮，列队站好，排成一溜儿。柠檬给你一个个说说它们姓甚名谁、有何本领。相信你一定会惊呼：噢！敢情就是它啊！

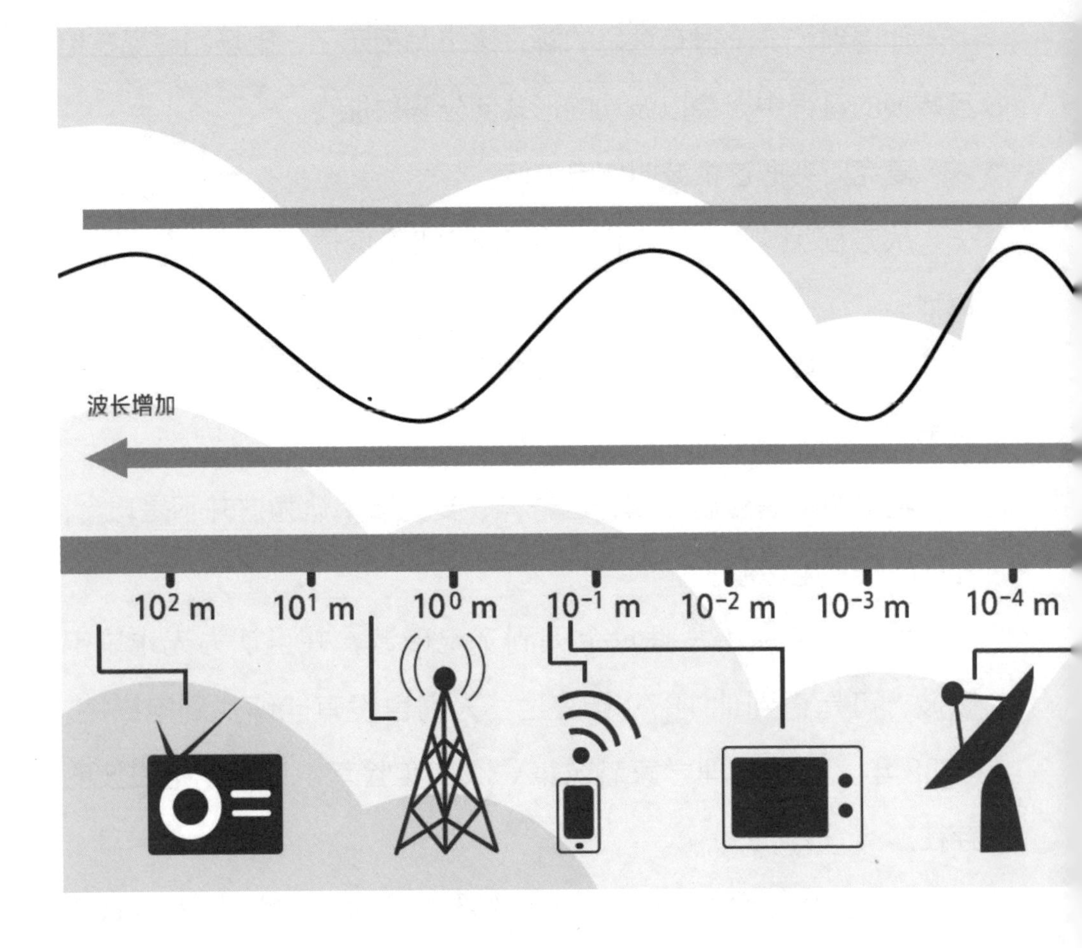

可见光：别说你没见过

其实，你从刚一出生就见过电磁波——光就是。

不管红的、绿色、蓝的、黄的，你能看见的所有的光，统统都是电磁波。

在整个电磁波的家族里，只有可见光，是我们的眼睛能够看得见的。尽管可见光的颜色多得数不清，然而可见光只是电磁波里的一个小小的团伙。它们是波长小于 760 纳米、大于 400 纳米的电

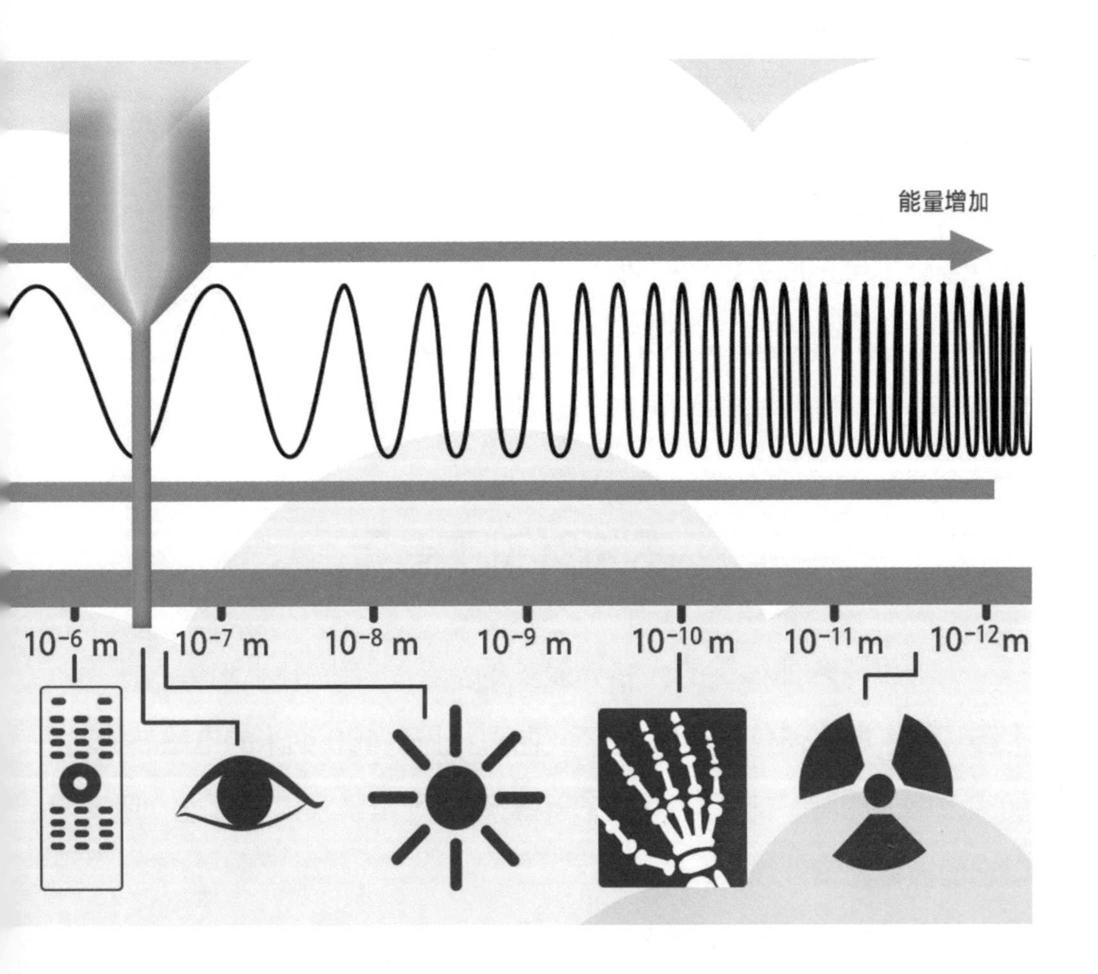

磁波。

在可见光的两端，分别是红外线和紫外线。

红外线：连你自己都在辐射它

波长小于 0.4 毫米、大于 760 纳米的电磁波叫作红外线。它们在电磁波的队列里，排在可见光中红光的边上。

人类的眼睛看不到红外线，但我们的皮肤可以感受红外线。当大量的红外线照射到我们身上的时候，我们就会感到热。

还记得前面讲过的绝对零度吗？就是零下 273.15 摄氏度，是宇宙里最低的温度。宇宙中所有的物体，只要它的温度高于绝对零度，就会不停地向外辐射电磁波。别到处看了！也包括你，没错！连你也在辐射电磁波，而你所辐射的电磁波正是红外线。没想到吧？你还在辐射电磁波呢！呵呵，没骗你吧？这东西一点都不神秘。

紫外线：当心！别把你晒黑了

一听见“紫外线”的大名，爱美的女生立刻撑开小阳伞，抹上防晒霜。说来遗憾，波长大于 4 纳米、小于 400 纳米的电磁波，确实会给人的脸“抹黑”。因为在电磁波队列里紧紧挨着紫光，所以它们被称为紫外线。

和红外线加热作用的默默温情不同，紫外线属于杀手一族。为什么牙刷、洗脸毛巾、贴身衣服都应该在阳光下晾晒？因为紫外线会杀死上面的细菌。医院里会用紫外灯照射一些需要消毒的东西。

听到这儿，你也别像鼹鼠一样，躲在家里，白天都不敢出门。紫外线这个杀手有点“肉”，不是一剑封喉那一派的，它动作慢，紫外线的危害要比较长的时间才能显现。适当晒晒太阳，紫外线还会帮助我们合成人体所需的维生素 D，有利于骨骼健康。可要是长时间在强烈的阳光下暴晒，紫外线软刀子杀人不见血的狰狞一面就暴露了，患皮肤癌的概率会大大增加哟！

无线电波：久仰！久仰！

见过生活中的这些场景吧？

爸爸坐在沙发上，拿着遥控器一下一下地换台，在找电视里哪个频道正转播球赛。

爷爷旋转着收音机的旋钮，在“吱吱啦啦”的声音中，搜寻想听的节目。

一个人把手机贴在耳朵上，扯着嗓子大叫：“什么，你大点声，我听不见啊！这儿信号不好。等一下，我出去跟你说……”边说边快步往外走。

其实，他们都在找电磁波呢，准确地说是在找无线电波呢。

是谁跨越万水千山，把广播、电视、手机信号，送到我们身边呢？就是无线电波——噢！久仰！久仰！

无线电波的波长大于 0.4 毫米，按不同的波长，又可以细分为长波、中波、短波和微波。我们最最熟悉的手机信号就处于微波波段。

当我们用手机发送微信时，微信首先会从发信人的手机传送到微信服务商。微信服务商利用自己遍布全世界的网络，在瞬间锁定收信人的位置，并把微信传输到收信人的手机上。“叮叮”一响，你就收到微信了。哪怕两个人分处地球两端，无线电波也会必达使命，“信”无虚发，厉害吧？呀！失敬！失敬！

X 射线：一面红十字，一面骷髅头

不管是摔了胳膊，还是咳嗽不止，若由医生发落，都会说："拍个片子吧！"——X 光片。

为什么叫 X？因为不知道。

X 在数学里代表未知数。最初发现它的时候，人们不确定这是一种什么射线，是什么来头，于是就老老实实地叫它"X 射线"。

时至今日，这种波长小于 4 纳米、大于 0.001 纳米的电磁波，依然扑朔迷离，是善是恶，一言难尽。

它可以用于机场安检，不动声色地查出行李中的危险品，防患于未然。它可以用于医学，慧眼如炬地检查出人体内部、骨骼深处的疾病，一目了然；它还可以用于治疗癌症，救死扶伤。然而它本身却对人体有害，如果大剂量照射，会诱发癌症。在它身上真可谓正邪两立，令人爱恨交织。

γ 射线：就像一把刀

波长小于 0.001 纳米的电磁波叫 γ 射线（念"伽马射线"）。可能你听说过伽马刀吧？医生们用 γ 射线作为手术刀，切除病人身体上的肿瘤。厉害吧？都能当刀使，锋利无比，所向披靡！

可能你也看出规律了，我们一路讲下来，波长越短的电磁波，危害越大，越凌厉嚣张。γ 射线对人体的危害极大，你可要小心躲

着它点！

怎么躲呢？它看得见我，我看不见它呀。你让我怎么躲呢？

你说得没错！这确实是一帮无形杀手。不过没关系，你只要记住这个符号。

这个符号代表电离辐射。紫外线、X射线、γ射线都属于电离辐射。

自然界中的电离辐射主要来自太阳和宇宙射线。对这些你不要太过担心，因为只要你不跑到太阳底下长时间暴晒，这部分电离辐射对你的影响不大。

除了自然界的电离辐射外，人类还制造出了很多人为的电离辐射。比如你在机场和地铁见过的X射线扫描仪，还有医院里的伽马刀，都是人造电离辐射。

其实在日常生活中，除了医院和科研院所，你想找人造电离辐射还真不容易呢。如果有个地方有人造电离辐射源，那么必定有明显的警示标志。一旦看见这个标志，说明此地危险——快闪！

好了，说到这儿，电磁波你就都认全了。

哈！原来这就是电磁波，其实我都听说过。等下，我再发个微信。

又发微信？给谁呢？

给我爸爸妈妈，告诉他们，今天我还要给他们一个特殊的礼物。

什么礼物呢？

嘿嘿，我要告诉他们，我知道了电磁波，还有法拉第的故事！

第 11 章

假如，我当警察

小克和小伙伴们玩游戏，小克当警察。

什么？你问他是什么警察？是抓坏人的，还是指挥交通的？呃，这个……真不好说，好像他什么都管，还是你自己去看看吧！

赵小萌，你家咪咪又偷人家的狗粮呢！

喂喂，这你也管啊？你还是管管那边那几个人吧！你看！他们在闯红灯过马路。

这个嘛，啊……就睁一只眼闭一只眼喽。

那怎么行？！

嘻嘻，不好意思，那什么……我，我自己也经常这样……

好吧，我问你，假如你当警察，一个穿着制服、指挥交通的警察，你觉得什么最该管呢？

那我就管在小学校门前开车不减速的司机，太危险了！一点都不考虑我们小孩的安全，还要管那些造成交通事故的人。

那你知道造成交通事故，最主要的原因是什么吗？

酒后驾车。

酒后驾车是很危险，但不是最大的原因。造成交通事故的罪魁祸首是超速和超载。

哦？超速好理解。速度太快，一旦有情况来不及刹车，就容易出事。超载，不就是多装点东西么？怎么就出事了呢？

呵呵，超值噢！

你说什么呀？刚说超速、超载，怎么又来个“超值”？我都被你弄晕了！

是这个意思：如果你明白了这个道理，不但对你的安全有好处，更能让你直通初中，轻松摆平初中物理中的几个“下马威”和“鬼门关”——是不是超值啊？

哈！那倒是。你快说说。

力，发威了

请你想想，怎么能改变一个物体的运动状态呢？哦，这句话太文绉绉了。说白了，就是让一个东西由不动变成动，由动得慢变成动得快，该怎么办呢？

简单呀！只要有过追跑打闹、踢毽打球的经历，谁不知道呢？

推它一下——完成！

什么？你还有更“暴力”的？打它一拳，踹它一脚——嗯，也算，就是不太文明。

那就来个温柔的，呼——冲它吹口气——行行，也算一个。

柠檬悄悄话

力是改变物体运动状态的原因。这句话，可以说，是中学物理课的第一道护身符。等你上了初中，开始学习物理课，就知道这句话非常重要。前三节课，基本上老师就是千方百计地让你明白这个理儿。

现在就记住吧！先学先赢哦——耶！

拿指头弹它一下，拿弹弓给绷出去——也行，就是当心别打到人。

那反过来：要是让一个东西由动变成不动，由动得快变成动得

慢，这是不是也算改变物体的运动状态呢？当然，也算的。那该怎么办呢？

呔！拦住去路！从前面挡住它，让它走不了，停下来。对吧？

还可以从后面拉呀，拖呀，扯呀，拽呀。没错！看看足球场上那些后卫都是怎么干的，就知道啦。当然，我们就不要飞身猛铲了，那样太危险！会吃红牌的。不过，从科学上讲，这些都行得通。

好了！上面柠檬说的推、打、踹、吹、弹、拦、挡、拉、拖、扯、拽，全都是对物体施加力。

如果你想不通，觉得让一个东西由不动到动，由慢到快，需要给力；由动到不动，由快到慢，不需要给力，那就请你回忆一句俗话："九头牛都拉不住。"说明些啥呢？说明要停住一个东西，不让它再动了是多么难。

可我骑自行车的时候，如果不想再骑，我就不蹬了，车就慢慢停下来了。这不就是不用施加力了吗？

呵呵，你不施加力了，可地面在暗中使劲儿呢！地面一直在给车轮施加摩擦力呀——它可是拖后腿的。你的力比地面的摩擦阻力大，车就往前走。你不蹬了，没有向前的动力了，摩擦力一家独大，车就越来越慢，直到彻底停下不动。

所以力才是改变物体运动状态的原因。

不对不对！吹就不能改变物体的运动状态。你能吹动我吗？你能吹动汽车吗？哼，你连你的同类——一个柠檬，都吹不动。你敢说你能吹动吗？那你就成吹牛啦！

哦，你说的不全对。有的东西是可以吹动的，你想想，有什么呢？

嗯……气球、肥皂泡、头发、小纸屑、柳絮、羽毛，哦，还有橡皮擦擦完错字剩在作业本上的那些渣子。

好！看来问题不在于吹，在于吹什么东西。吹不动的人、汽车和吹得动的气球、肥皂泡、头发，这两类东西的差别在哪里呢？

嗯，我想想啊……对了！吹不动的沉，吹得动的轻。

好！这就引出一个非常重要的概念——质量。

不一样的质量

“质量”这个词你一定不陌生，比如巧克力派的味道不好，鞋子买来穿两天就开胶，我们就说“这东西质量不好”。那是我们生活中说的质量，有好与坏之分。物理学中的质量，是说物体所含物质的多少，物理学的质量没有好坏之分，只有大小之分，也就是小克说的沉和轻。

沉的，也就是质量大的东西，你用嘴吹是吹不动的，得搬，得扛，一个人扛还不行，很沉的大柜子、钢琴需要几个人来扛。更沉的东西，比如建筑材料、汽车之类的，只能动用起重机来搬动它。换句话说，越沉的东西，要想让它由不动到动，需要的力就越大。这样的东西，一旦动起来，要想让它停下来，也需要很大的力——九头牛都拉不住。

好啦，说到这儿，我们对物理学中的质量就有更深刻的理解了：质量反映了改变这个物体运动状态的难易程度。物体的质量越大，它的运动状态就越难改变。

小克，你们班里最胖的小胖墩儿，叫什么名字？

叫赵小萌，就是刚才他们家猫偷人家狗粮的那个……

你有没有和赵小萌撞到过？

有啊！有一次体育课，我不小心和他撞了一下，把我撞了一个跟头。我还跟他吵了一架呢！

现在，你懂了吗？为什么你和赵小萌撞到一起，是你被撞趴下了，而不是他？

噢！因为他比我胖得多，也就是说他的质量比我的大很多，所以他更容易保持自己的运动状态。

真聪明！

以前，你可能觉得描述一个物体运动的物理量，就是速度。这当然没错。现在，你知道了吧？说到运动，质量也难逃其责，被牵涉其中。更全面地描述运动的一个物理量叫“动量”，它等于物体的质量和速度的乘积。

显然，无论是超载，还是超速，都使汽车的动量增加。

柠檬悄悄话

动量 = 质量 × 速度。看着简单吧？就这个小公式变幻出的题目，不知谋杀了多少哥哥姐姐的物理分数，好狠呢！

现在听柠檬抽丝剥茧，用熟悉的生活现象为例，为你娓娓道来，将来你一定能过关斩将，所向无敌！妈妈再也不用担心你的学习。可要记住哦！

动量：事关生死

下面我们书归正传，回到主题。

想让一个正在运动的物体停下来，只有两招可选：

一、使出更大的力；

二、延长力作用的时间。

这两招，随便用一个就可以，当然，你可以两个都用上。

让汽车刹车的力是哪里来的呢？地面的摩擦阻力么？那个当然是，但还不够，孤掌难鸣，还要踩刹车。汽车的刹车片提供的力是有限的，不可能增加。那想让车停下来该怎么办？这个问题就不用回家问你老爸了。柠檬不是说了两招么，第一招不行，就得用第二招了：延长力的作用时间呀——我踩，我踩，我踩着刹车板不抬脚！

刹车所需要的时间和汽车的动量成正比。也就是说，汽车的动量越大，刹车就变得越困难，刹车所需要的时间就越长。

看！这有一辆载重 2 吨的卡车。卡车自身的质量也是 2 吨。在没有拉货物的时候，它的速度是 60 千米每小时。假设空车时，卡车急刹车需要的时间是 2 秒。

那么当它装载 2 吨货物的时候，急刹车需要几秒呢？

变成 4 秒了。

是的。如果它超载，装了 5 吨的货物，那么急刹车需要的时间是多少呢？

7 秒，才多 3 秒啊！

可就在这 3 秒里，猛踩刹车：嚓——

咚，咚咚，咚咚咚……嘭……啊！

撞到前面的车，前面的车再撞到前面的车，撞到人，撞到隔离墩、电线杆、护栏……在这 3 秒里，什么都足够发生了！

3 秒！可怕的 3 秒！悲剧的 3 秒！致命的 3 秒！

如果车没有超载，但速度飙到 120 千米每小时，那么急刹车需要的时间就变成了 8 秒——更危险了！

看到了吧，动量越大的物体，想让它从运动状态下停住，越难。动量 = 质量 × 速度。超载让汽车的质量暴涨，超速让车速飙升，所以超载和超速都会使汽车的动量变大，从而造成交通事故。

小克，你觉得司机一定不敢撞你，是吧？当然，司机不敢撞人。可是，现在你知道了吧，不是司机不敢撞人，不想撞人，就一定撞不到人的。有时候，他停不住呀！那么，以后你过马路的时候，还斜穿吗？还猛跑吗？

不了不了，我再也不了！

那假如，你当警察，你……

得了！我先不当警察了，我要回家！

哎，怎么了？怎么不玩当警察的游戏了？喂，怎么说跑就跑了？

爸爸，我要跟您谈谈安全问题！

第 12 章

寻找最最小，世界真奇妙

柠檬，这个世界是怎么成这个样子的？

哦？

你看，我们学校是由年级组成，年级下面有班，一个班里有几个组，每个组里有几个同学。学校是由好多好多同学组成的，当然还有老师。那世界怎么组成的呢？

世界的组成可比学校复杂多了，稀奇古怪、出人意料，甚至能雷人一跟头的事儿多了去了，所以比学校也好玩多了！

哦！我们学校也挺好玩的，我是说，要是不提问、不留作业、不考试的话……

不好意思！这个鬼马的世界是向人发问的，还动不动就出个难题考考人类。从几千年前起，人类就追问，这个世界是由什么组成的？这也正是这个世界“真奇妙”的原因。你知道你为什么会闻到花的香气、饭的香味？电子表、电子计算器……这个哪儿都插一脚的“电子”到底是什么？原子核是什么？怎么一提到核武器，全球的总统们都急了？这个世界上最小的东西是什么？它长什么样子？

我不知道，但我想知道！

中国古人一直认为，金、木、水、火、土组成世间万物，就是“五行”。“五行”相生相克，包罗万象，通吃天地。

中国是东方智慧的代表，希腊是西方文明的发源地。古希腊人更简练，别“五行”了！四个，四个就搞定。他们有个“四元素说”，认为土、水、火、气，纵横四海，化作万物。

柠檬经常说，人都会犯错，我们不可以笑话古人。他们没有显微镜，没有 X 射线扫描仪，没有试纸，没有加速器，就凭一双肉眼盯着看，拿脑子想，能琢磨出这些，已经很不简单了！

现在，我们知道，这天底下五花八门的东西实在太多了，什么混凝土、铝合金，什么石油、天然气，什么树脂、尼龙、聚乙烯，还有三聚氰胺……四五种元素，要组合出这么多东西，可不够支派。

喂！分子，你好

还没进门，你就闻到了饭菜的香味儿；花园里花的香气，吸引老远老远的小蜜蜂成群结队嗡嗡前来。是谁在通风报信？是分子，气味分子。

分子是物质保持化学性质的最小颗粒。啥意思？水由水分子组成，氧气由氧分子组成，二氧化碳由二氧化碳分子组成……

柠檬悄悄话

氧分子＋氢分子变成水分子，这就是化学变化吗？

是的。不过化学变化可不是这么简单无趣的。它五颜六色、缤纷灿烂，它能汩汩冒泡，也能把清水搅浑，它能发光发热，甚至燃烧爆炸，声色俱厉！想了解更多，请看本套书中的《化学，太有趣了！》。

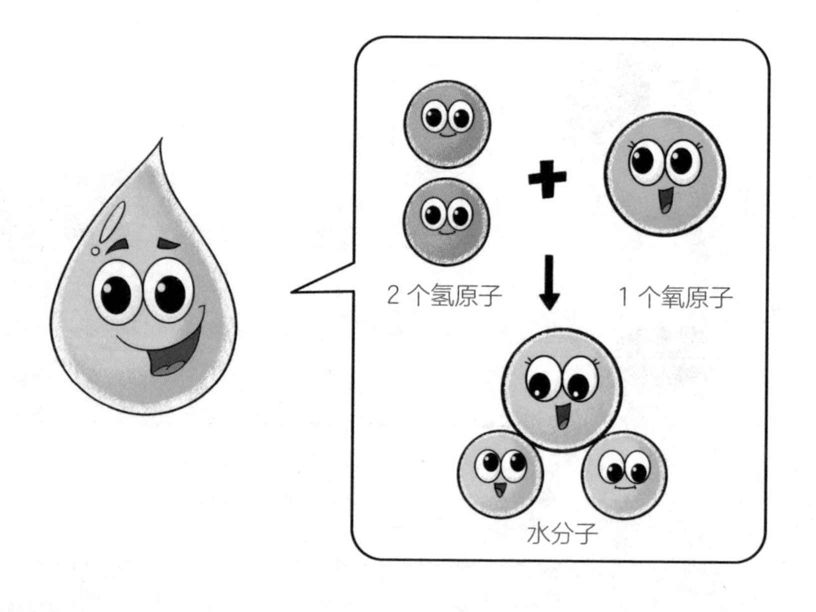

人是由人分子组成吗？

哦，不不，人不是由单一一种分子组成的。人是混合物，人身体里的东西太多了，有水，有氧，有蛋白质，还有微量元素：钠、铁、锌、钾、钙……很多很多物质。没有“人分子”这种东西。

也是啊，要吃棒棒糖的话，还把糖吃进身体里去了呢。那分子就是最小的了？

啊，不是！

分子是由原子组成的。原子是组成物质的基本单位，原子相互结合就形成了分子。化学变化的实质就是，物质分子中的原子重新进行组合。

哦，这么说，原子是最小的了？

答案是 No！

啊？！还不是？

小原子里有大地方

最小，就意味着这个东西没有内部结构，实心疙瘩一个，不能再往下分了。然而，1897 年，英国物理学家汤姆孙发现：原子里面有电子。这时候，通过赫歇耳家族两代人的努力，人类已经知道银河是一个星系，眼界早已从家门口的太阳、月亮，延伸到 10 万光年之外。而另一方面，汤姆孙的发现又让人类把探究的目光投进小小的原子，好奇地打量这里面到底有什么东西。

不看不知道，世界真奇妙！

敢情小小的原子里面，地方还挺大！

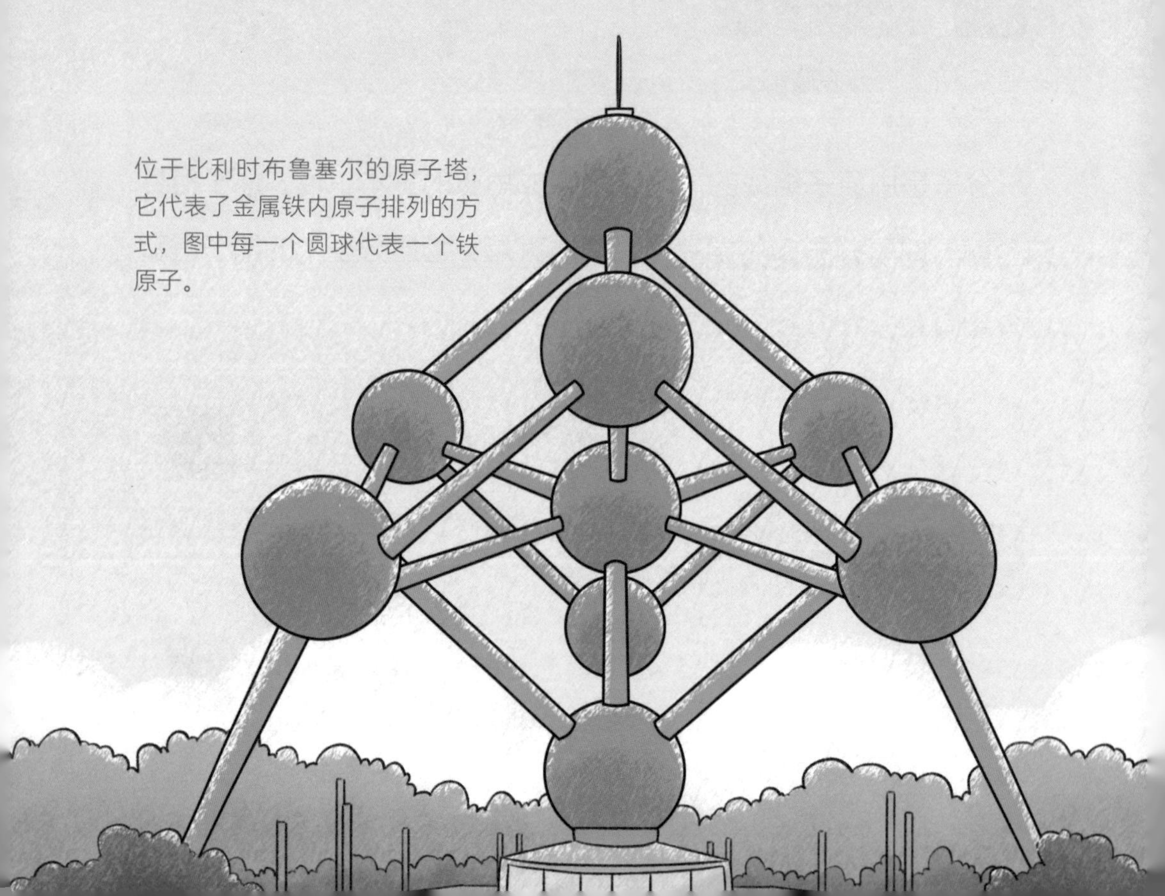

位于比利时布鲁塞尔的原子塔，它代表了金属铁内原子排列的方式，图中每一个圆球代表一个铁原子。

原子里面空空荡荡，就两样东西：带正电的原子核和带负电的电子。原子核占据了原子 99.9% 以上的质量。电子围绕原子核运动，就像行星绕着太阳似的。

还真是和行星绕太阳有得一比！原子核外，电子的运动看上去杂乱无章，可实际上，每个电子都有自己的运动轨道。物理学家们把这种轨道叫作能级。电子只能在自己的能级上运动，就好比火车只能在铁轨上跑。

每一个能级上最多容纳的电子数量都是确定的。如果电子吸收了一定数量的能量，就会从低能级的轨道跳到高能级的轨道上。如果低能级的轨道上出现了空位，那么在高能级轨道上的电子，也会蹦到低能级的轨道上，同时会辐射出能量。

人辞职去不同的公司工作，叫跳槽；电子在能级之间蹦跶，叫跃迁。能级跃迁辐射出来的能量一般是以光的形式发出的。无论是太阳光，还是灯光，背后的奥秘都是电子在跃迁呢！

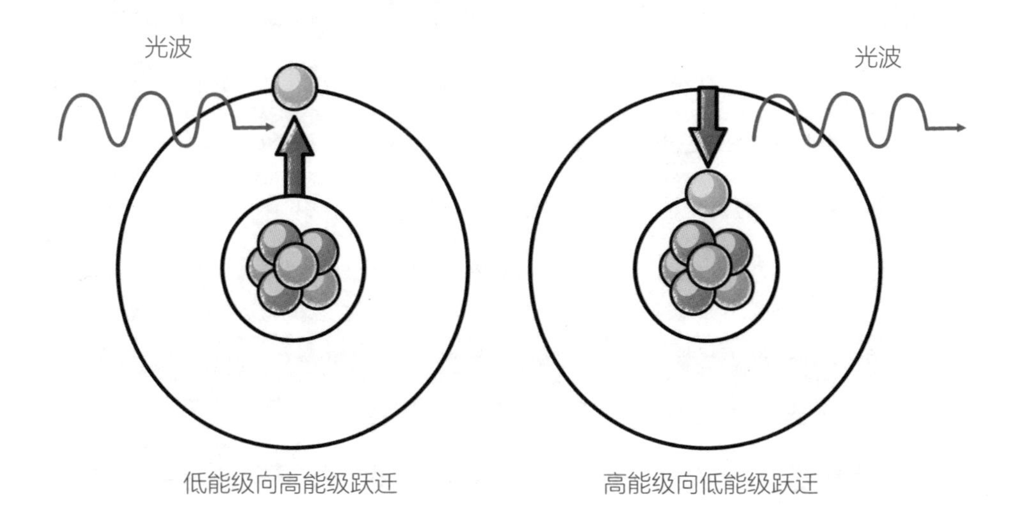

低能级向高能级跃迁　　高能级向低能级跃迁

柠檬悄悄话

赫歇耳是谁来着？赫歇耳是一辈子痴迷天上星星的观星达人，赫歇耳是传承父业的天文学家，赫歇耳是一位献身天文观测，放弃终身幸福的杰出女性，赫歇耳还是 2009 年发射的史上最强的天文望远镜。

想知道“赫歇耳”这三个字背后的动人故事吗？请看本套书《天文，太有趣了！》第 11 章“偷看银河系的户口本”。

哇！原子核——不怕不怕

原子弹？核武器？核辐射？

提到原子核，人们最容易联想到的就是这些让各国首脑都跳起来的话题。不怕，不怕！柠檬是爱好和平的，我们这里和平利用原子核，看看它里面是什么样子，不用怕，保证安全！

原子核非常小，它的体积大约只有原子体积的一千万亿分之一。如果把原子比喻成一个可以容纳上万人的体育场，那么原子核只相当于体育场中的一粒沙子。

原子核由质子和中子组成。质子带正电，中子不带电，它们的质量基本相等。一般来说，原子核里中子多、质子少或者中子和质子一样多。如果中子少、质子多，那么这个原子核就不会消停，是个不稳定的原子核，有放射性。

哦，对不起！柠檬忘了今天只说没危险的。“放射性”这个有点可怕的话题，我们下一章再说。

同样一种元素，它们的原子核里质子的数量都是一样的，中子的数量却不一定一样。通常，我们用下面的符号来表示原子：

$$^{A}_{Z}X$$

其中，X 是原子的符号，Z 是质子的数量，又叫原子序数，A 是质子的数量加上中子的数量，也叫相对原子质量。

柠檬悄悄话

什么是元素？这里说的“元素”是“化学元素”的简称。那化学元素又是什么？

哈哈，就知道你问题多多。请看本套书《化学，太有趣了！》中的第 1 章“认识化学元素”。不好意思！这本讲的是物理，管不着。

咣当！质子中子对对碰

你看到了吧——分子可以拆成原子，原子可以拆成原子核和电子，原子核可以拆成质子和中子。那么质子和中子呢？还能继续往下拆么？

也许……我不知道。那么小了，可怎么拆呢？

恭喜你！真厉害！和物理学家们想的一样。他们也想知道还能不能继续往下拆了，也想知道该怎么拆。你见过砸核桃么？

见过。拿锤子把核桃砸开，砸成好多小块。

可惜呀，质子和中子实在太小了，没有适合砸它们的锤子。干脆！让它们自己当锤子，自己砸自己。

于是，一群被称为粒子物理学家的人，也就是专门研究这些小小的、看都看不见的微观粒子的学者，把粒子塞进粒子加速器，让它们飞奔起来，然后，咣当！碰撞！看看能撞出什么东西。

从 20 世纪 50 年代开始，越来越多的加速器被建造出来。为什么还越来越多呢？加速器要是建得小了，撞的力量不够，就撞不出什么来，所以加速器越造越大。

世界著名的欧洲核子中心——简称 CERN——位于风景如画的瑞士日内瓦近郊，它有 6 个加速器，其中最大的一个——说出来吓你一跳——直径足足 27 千米！顶得上一座中等城镇的大小了。“去

CERN 做实验”是粒子物理学家的梦想和骄傲。无数粒子物理学家来到这里，兴冲冲地把质子和中子送进加速器，可就是一直没有看到质子和中子像核桃似的，被撞成几块。

也不能说一无所获，一个又一个从前不知道的新粒子，在碰撞中跳进人们的视野。若柠檬在马路边捡到一分钱，那只能交到警察叔叔手里边。可要是在加速器里发现一种新的粒子，呵呵，那可是会成为全世界的焦点啊！美籍华裔物理学家丁肇中就是凭借发现 J 粒子，而荣获诺贝尔物理学奖的。2012 年 7 月 4 日，欧洲核子中心的科学家宣布找到了希格斯粒子，提出该粒子假说的希格斯因此获得了 2013 年的诺贝尔物理学奖。

别跑！夸克，让我尝尝你的味道

那是不是撞出的这些粒子，就是组成这个世界最小的东西了？

你真了不起！科学家们开始也这么想。

可是，被发现的微观粒子越来越多，到现在已经有 400 多种了。化学元素才 110 多种。显然，这些粒子不可能都是宇宙的基石。而且，这 400 多种微观粒子，大部分都短命，研究价值不大。

不断的碰撞虽然没有把质子和中子砸碎，可是也让科学家们弄清楚了，质子和中子也都是有内部结构的，它们由夸克组成。夸克一共有 6 种，分别是上夸克、下夸克、奇异夸克、粲夸克、底夸克和顶夸克。

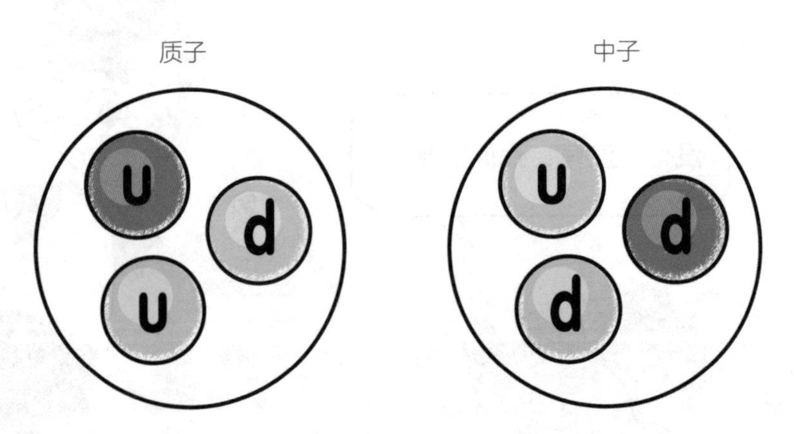

质子和中子的结构，其中 u、d 分别代表上夸克和下夸克。

夸克？那不是你的名字吗？可这 6 种夸克中没有柠檬夸克啊！

哈哈，柠檬夸克就是味道发酸的夸克啊！

夸克还有味道？还发酸？

是这样的。还记得我跟你说过吗——

你接触到的科学前沿方面的知识越多，就越能感受到科学家们的调皮和童心。他们真是很好玩的！夸克明明是有 6 种，可他们偏不说 6 种，而说 6“味”。

夸克最初是由美国物理学家盖尔曼提出的。他老人家喜欢吃中餐，每次到中餐馆，还故意用半生不熟的中文点菜，秀一把他的语言才能。中餐多好吃啊！味道丰富。也不知是不是在办公室奋战得肚子咕咕叫了，盖尔曼很“吃货”地用“味道”的“味”来区分夸克。不过遗憾的是，中餐有酸、甜、苦、辣、咸 5 味，而夸克却有 6 种，不够分派。否则，说不定真的命名为酸夸克、甜夸克了。

不少人都被这个酸呀甜呀的搞晕了，以为夸克真的这么有滋有味。其实，这就是个名字，只是一个符号而已。你愿意叫它们张夸克、李夸克、王夸克也行，只要彼此区分开就可以了。比如粲夸克吧，它的英文名字叫 charmquark，字面意思是有魅力的夸克。可真不是物理学家用高科技手段发现这个夸克长得有风韵。天知道，它是不是个丑八怪。

夸克之间最主要的力是强相互作用，它是目前宇宙中已知的最强的力。不过，这位宇宙头号大力士逞凶斗狠的地盘小得惨不忍睹，只要两个粒子之间的距离大于 10^{-15} 米，也就是一千万亿分之一米，它就使不上劲儿了。

这一丁点儿的小距离，对于质子和中子来说，足够了。强相互作用紧紧地把夸克们束缚在一起，所有的夸克都只能待在质子、中子等粒子的内部。想跑出来单飞？门儿也没有！先问问强相互作用答不答应。

物理学家们无论造出多么强大的加速器，我撞，我撞，我撞撞撞！都无法解救出这些被强相互作用判终身监禁的小可怜儿们，只好饱含同情地把这个现象叫作“夸克禁闭”。所以，轰轰烈烈的粒子大拆分，拆到质子和中子，就此打住，不能再拆了。

这么说，夸克就是最小的粒子了。为什么？它叫夸克，我叫小克，听起来，像是夸我呢！

天呐！不是这个意思。夸克是英文 quark 的中文音译，这个单词来自一本不大好理解的诗集，为了表示这种粒子的神秘莫测，盖尔曼特地用这个单词给它命名。

第 13 章

杀手正传：放射性全揭秘

哈哈，你别净想着夸克就是夸你小克，你知道吗？这6个在物质中潜伏得很深的小鬼头，其实很有意思呢！

怎么有意思啦？快说说！

上夸克、下夸克和奇异夸克，它们仨，在柠檬眼里，是劳模式的好同学。为什么呢？它们组合成质子、中子、π 介子、K 介子等，这些是构成宇宙的基本粒子。而另外三种夸克呢，就有点不靠谱了，因为它们组成的都是一些不稳定的粒子，会很快衰变掉。

衰变？变老变丑了？

衰变！不是衰老，是变成了其他粒子。

怎么听起来像孙悟空的七十二变啊？

这可和孙大圣的七十二变完全不是一回事！孙悟空不管变成什么苍蝇、蚊子，都还能变回来。衰变成别的粒子，就变不回来了。更重要的是，衰变还会伴随着放射性。

放射性就是医院的放射科吗？照 X 光片的地方？

那是放射性的一部分，是这个无形杀手干的为数不多的好事。

杀手？

是的！这个杀手挺纠结，它销声匿迹，又神秘现身；它雷厉风行，也优柔寡断；它杀人不见血，却偶尔也良心发现。

哇！真诡异！

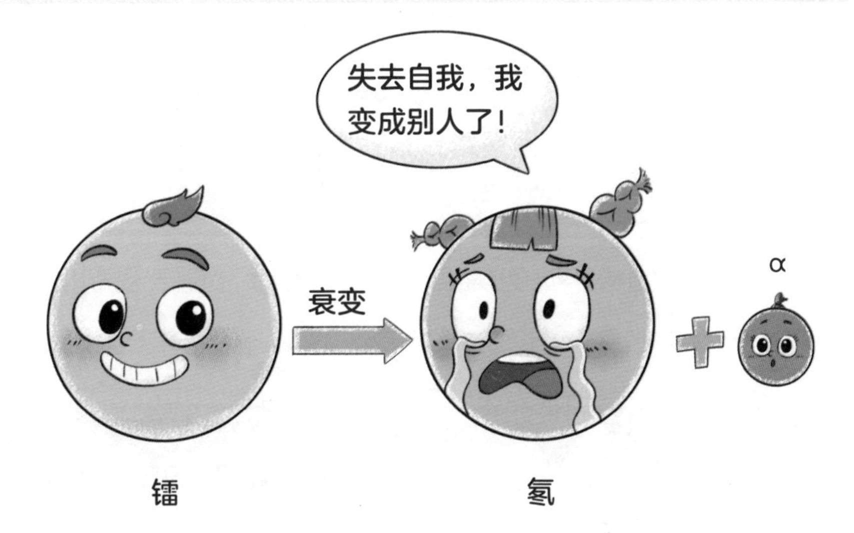

衰变后，镭转变为氡，还放出 α 粒子。

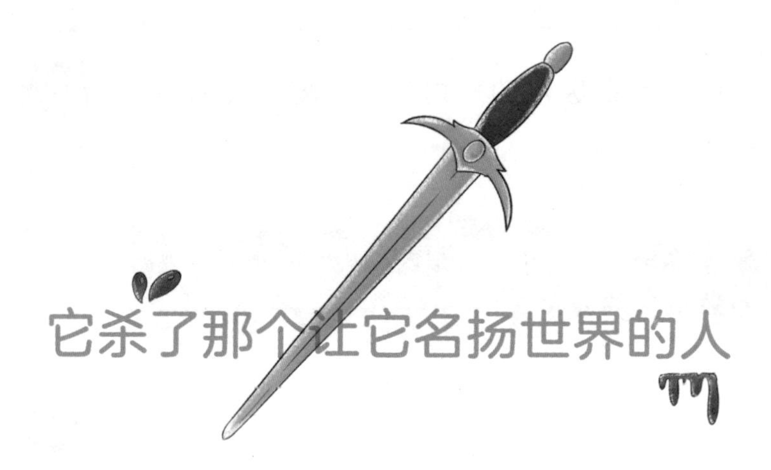

它杀了那个让它名扬世界的人

世界上第一个发现放射性现象的是贝克勒尔。贝克勒尔是何许人也——法国科学院院士，他的研究方向是荧光物质。

所谓荧光物质，挺特别，但并不神秘。你见过“有夜光功能”的表或者指南针吗？就是在夜晚会发光的那种。它们的奥秘在于指针和表盘上涂了荧光物质。这种物质在白天接受太阳光照射时，会吸收阳光中的能量。到了夜晚，它又会以发光的形式把这些能量释放出来。出没于各种小说和影视作品里，被说成价值连城的夜明珠，也是由荧光物质做成的。

一个堂堂法国科学院的院士，就研究个小小的表盘和指针啊？也不能说大材小用，因为“荧光物质”这 4 个字又没写在物体上。没人研究，谁能知道哪种东西是，哪种不是呢？再说，那都是一百多年前的事了。当时还没有电灯，很多科学家都在研究能够在夜晚发光的东西，希望能够找到煤油灯的替代品。

1896 年的一天，贝克勒尔计划研究铀是不是荧光物质。可天公不作美，那天阴天，不能用太阳晒铀。没办法，实验做不成了，贝克勒尔只好把实验用的铀和底片收好，打算等天晴了再说。院士到底是院士！心细如发，怕底片失效，他特地用黑纸把底片包好，和铀一起放进了暗室的抽屉里。

谁知几天以后，当他准备重新实验的时候，奇怪的事情发生了：他发现底片已经曝光，贝克勒尔惊诧万分，明明用黑纸包着的啊，怎么会曝光呢？难道是铀在起作用？

贝克勒尔马上着手研究铀。很快他就发现，在自然状态下存放的铀，会不停地向外辐射射线。贝克勒尔把这种现象叫作放射性。

柠檬悄悄话

什么是曝光？在没有数码相机的时代，传统光学相机大行其道。“咔嚓”——快门按动的一瞬间，光线照到底片上。在光的作用下，底片上的化学物质会发生化学反应，记录下光的强弱、颜色，这个过程叫作曝光。为了隔绝那些不相干的光，不让它们影响到底片，拆装、冲洗底片的工作都必须在暗室中进行，没用过的底片也必须包裹在黑纸里。

两年后，1898 年，同为法国人的居里夫妇，又发现了放射性更强的钋和镭。

说起居里夫妇，其实居里夫人的名气更大些。几乎每个学校楼道的墙上，如果贴了著名科学家的画像，就一定少不了这位额头宽阔、眼睛深邃的女士。很多立志学科学的女孩子，都以她为偶像。她也的确值得钦佩！一生拿过两次诺贝尔奖，而且一次是物理学奖，一次是化学奖。

居里夫妇和贝克勒尔发现的放射性，都是天然放射性。为此，贝克勒尔和居里夫妇分享了 1903 年的诺贝尔物理学奖。居里夫妇的女儿女婿约里奥 - 居里夫妇，因为发现了稳定的人工放射性，获得了 1935 年的诺贝尔化学奖。可以说，放射性的发现在人类文明的进程中，绝对是划时代的，在科学史上，更是传奇的！它成就

了一门两代三“诺奖”的神话。

然而，成也“放射性”败也“放射性”。放射性对人体健康是有害的，当时的贝克勒尔并不知道这一点。他长期在没有保护的情况下研究放射性现象，最终死于放射性疾病，年仅 56 岁。为了纪念他首次发现放射性现象，物理学家们决定将“放射性活度”这个物理量的单位命名为贝可勒尔。不幸的是，居里夫人和她的女儿女婿也都同样遭此厄运。

我们去医院照 X 光片，那是不是对人体健康有害的放射性呢？

放射性都是对人体健康有害的。照 X 光片接受的放射性剂量比较小，不经常照，还是安全的。

在此，柠檬必须提醒大家：放射性是凶狠毒辣的无形杀手，放射性物质对人体的危害是极大的。长期、大剂量地接受辐射，会让人患病、死亡。放射性辐射是诱发癌症的原因之一。

1992 年，山西忻州的一位工人，无意中捡到一小块金属。他哪里知道这是忻州市科委遗失的 ^{60}Co（念成“钴 60”）放射源，就觉得是个挺好玩的东西，就拿回家里了。结果悲剧发生了：他在一个小时内就觉得头痛，还呕吐。他的妻子、父亲、哥哥都受到了辐射。在前往医院的路途中，看不见摸不着的辐射又放倒了好几个人。最终，这一小块夺命的金属造成 3 人死亡，10 人受伤的惨剧。

太恐怖了！那我们周围不是很危险吗？最要命的是，它还看不见！这可怎么好？

别怕！其实——

生活中的放射性

日常生活中，我们能接触到的放射性物质十分有限，头号凶手就是放射性元素氡。看这个字形，你也能猜出来吧？氡是一种气体，它潜伏在花岗岩、大理石、水泥等建筑材料中，尤其是一些天然石材里氡的含量更高。在通常情况下，人体受到的辐射，有一半都是氡在蔫蔫使坏。

放射性是怎么来的呢？

是这样——

放射性是原子核内部发生变化时产生的一种现象，辐射出来的粒子都是从原子核内部跑出来的。

翻开元素周期表，那些原子序数，也就是质子数大于等于83的原子核，都是放射性原子核。质子数大于等于83的这些元素呢，也被贴上了“放射性元素”的标签——提醒人们：对它们要小心！

你为什么说它雷厉风行，又说它优柔寡断呢？

雷厉风行说的是——

柠檬防辐射秘笈：

① 在装修时，不要选择天然石材。

② 经常开窗通风，让室内的氡散发出去。

③ 如果在街上看到不知是啥的金属块，记住：绕道走！碰都不要碰，躲得远远的！

④ 不要太频繁地照 X 光片和 CT。

可怕的穿透力

兵来将挡，水来土掩，寒流来了有棉袄。放射性来了？没用！啥都能穿透！

放射性令人望而生畏的就是它的穿透力。

你想拿玻璃挡它？拿木头挡它？拿石头挡它？唰唰唰，一穿而过！至于人嘛，哼哼……

看你听得，脸都白了！俗话说，一物降一物。放射性也不是没有克星。你想想，要真是谁都挡不住，那么那些经常利用 X 射线给病人做检查的医生，还活不活？那些需要研究放射性的科学家们，岂不个个都要献身科学了？

能阻挡放射性的英雄是铅。在铅面前，所向披靡的放射性只能打道回府，休想越雷池一步。所以需要接触放射性的人，就要穿上铅做的防护服。

说它优柔寡断，是因为放射性虽然在穿透力上是个暴脾气，但是在衰变时却很能沉得住气。放射性原子核在辐射出一个粒子以后，就会变成另外一种原子核，这叫作衰变。放射性原子在衰变时可不是集体一起衰变的，而是有先有后。对于同一种放射性原子核来说，只要原子核的数目足够大，那么无论放射性原子核的数目有多少，它们衰变一半所花费的时间都是相同的，我们把这个时间称为半衰期。碳的一种原子核 ^{14}C 的半衰期是 5700 年，够长吧？

放射性这么恐怖，它怎么还能良心发现呢？

你忘了么？柠檬说过，这世界上没有什么东西是绝对的好，也没有什么东西光是缺点，没有优点。

我想，这只恐龙生活在距今两亿一千三百万年前的侏罗纪。

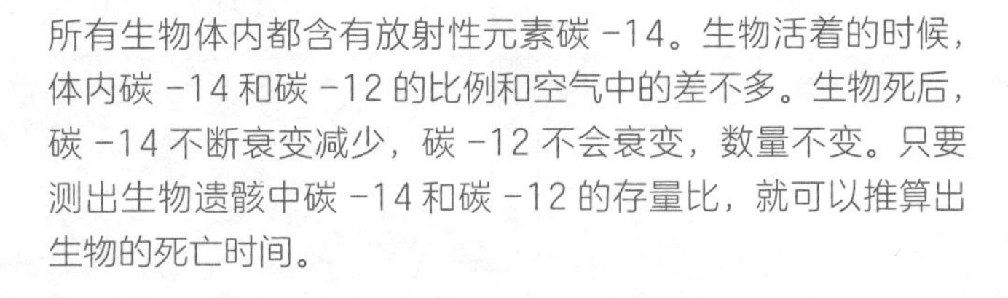

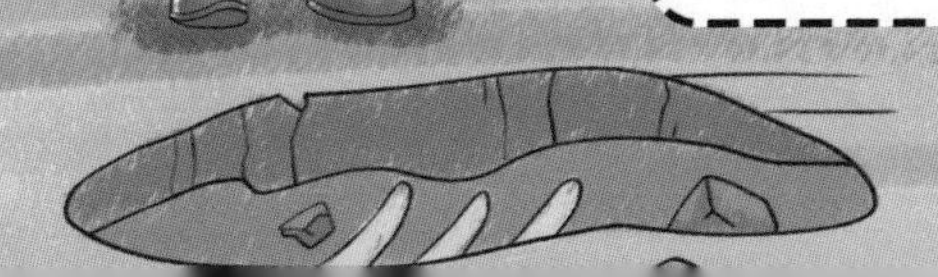

放射性现象也能帮人做些好事。考古学家用放射性原子核 ^{14}C 来判定远古生物遗迹的年代；农业专家用放射性原子核 ^{60}Co 来育种和杀虫；医生用 X 射线、γ 射线来检查和治疗疾病；你见过大饭店、写字楼里的烟雾报警器吗？没想到吧？它竟然是利用放射性原理制造的。给人带来灾难的放射性，竟然也能防止灾难。这世间万物多么奇妙！

哎，真是很奇妙啊！

怎么样？对放射性这位酷酷的杀手，想说点什么？

嗯……说不好。它太多面了。不说了，我先回家开窗去了——防范放射性。

第 14 章

比一千个太阳还亮

柠檬，电视里经常说无核国家、核威胁，这个“核”是不是就是指核武器？

是的。

核武器是不是就是原子弹？

核武器是指利用核反应制造的威力巨大的武器，原子弹只是核武器的一种。

那核电站是不是也是这么回事？

核武器和核电站的原理相似。不过，核电站是和平利用原子核的能量。

核武器那么可怕，核电站是不是也很危险？

不一定啊！

我还记得，日本3·11大地震之后，他们的核电站就出事了，弄得人都很担心很紧张呢。到底这个“核”是怎么回事啊？

核像一头关在笼子里的猛虎。几个文质彬彬、走路都不愿踩死蚂蚁的书生偶然发现了它。结果猛虎下山，兴风作浪……

链式反应

1938 年，德国化学家哈恩和斯特拉斯曼在实验中发现了一个有意思的现象。他们用中子去轰击铀。铀的元素符号是 U，原子序数是 92，是当时已经发现的原子序数最大的元素。哈恩原本猜想，这个实验会得到原子序数是 93 的未知元素。可轰击带来了意想不到的结果，他得到了镧（La）、钡（Ba）和一些意想不到的原子核。

这是怎么回事？万分想不通的哈恩把实验结果告诉了物理学家迈特纳。

“这次不算！”这句话是不能随便说的。实验室里弄出来的出人意料的怪事儿，都不可以装作没看见，要请理论物理学家来分析和解释，也许新概念、新理论、新定律、新定理就这样问世了。理论物理学家提出的猜想、假设，也要交给实验物理学家架起家伙来演练一把。被实验证实的，才能被认可。物理学家的世界就是这样。

对哈恩告诉自己的实验结果，迈特纳和她的侄子弗里希非常重视，第二年，他们提出了裂变理论。他们认为，铀原子核在吸收了一个中子以后，会分裂成 2 个或多个原子核，在这个过程中将释放出大量的能量。

就在裂变理论提出的同一年，也就是 1939 年，居里夫人的女儿和女婿，也就是前面柠檬提到过的约里奥 - 居里夫妇，在实验中发现铀原子核在吸收了中子并裂变以后，裂变产物中会出现新的中子。这些新的中子会引起更多的铀原子核发生裂变。更多的铀原子核发生裂变，会产生更多的中子，又引发新的裂变……鸡生蛋，蛋生鸡——简直就像滚雪球一样。约里奥－居里把这叫作链式反应。

这下，实验有了理论解释，理论有了实验支持。

好哟！热烈鼓掌！新发现！肯定是了不起的重大发现！我知道，柠檬你给我讲的都是科学史上的大事，什么划时代啦，什么里程碑啦——都很了不起的！

嗯，话是这么说，可你不看看这是什么时候。

哦？

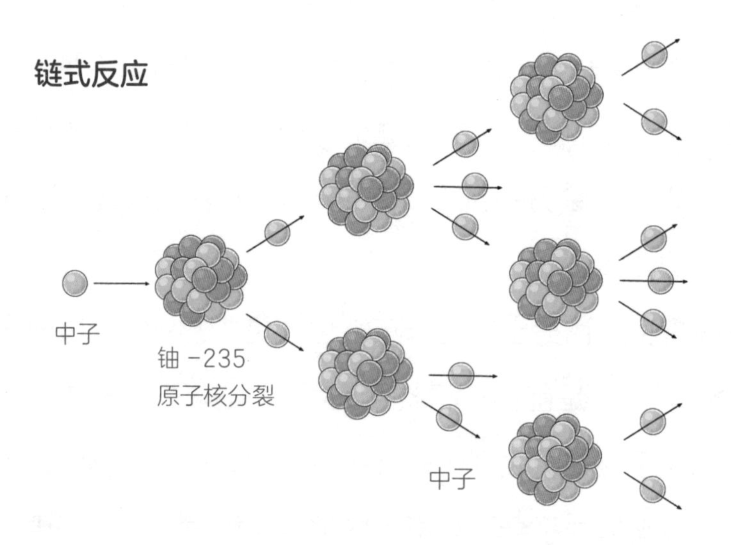

科学家的纠结

1939 年，1939 年啊！

1939 年 9 月 1 日凌晨，德国突然出动 58 个师、2800 辆坦克、2000 架飞机和 6000 门大炮，向波兰发起闪电式进攻。9 月 3 日，英法被迫对德宣战，第二次世界大战全面爆发。仅仅数周，德军就攻陷了波兰全境，气焰嚣张，剑指欧洲。

而在地球的另一端，中国人民的抗日战争也激战正酣。

就在这么一个亚欧大陆战云密布的时候，链式反应被发现了。据说，发现的当天晚上，约里奥 - 居里来到一家咖啡馆，心情既很激动又非常矛盾。他清楚地知道，这对人类来讲，既是机遇，又是危险。因为在链式反应的过程中，会释放出巨大的能量。如果用好这些能量，能为人类造福，而一旦变成武器，那么将造成前所未有的灾难！而最终，善良的科学家想到，火和电虽然也给人类带来过灾难，但更多的还是推动文明进步，带来生活便利，创造社会财富，利大于弊。于是，他向世人公布了自己的发现。

不过令人心碎的是，当时大部分人知道这个重大发现后，首先想到的就是把这些能量用于战争——制造原子弹。

“一定！一定会的！”当时德国的科学水平非常高。几乎所有人都认为希特勒这个战争狂人一定会研制原子弹。大批因为躲避战争而来到美国的科学家，联名游说美国政府：“别犹豫了！干吧！”争取赶在德国前面造出原子弹。

于是，美国政府在 1942 年开始实施曼哈顿计划，就是研制原子弹。领衔的人是物理学家奥本海默，一大批优秀的科学家都参与到这个计划之中。3 年后，当“人造小太阳”终于在沙漠中升起时，二战已接近尾声。德国和意大利已经投降。1945 年，原子弹被扔到了当时还在负隅顽抗的日本。广岛和长崎，瞬间变成人间地狱。

那德国到底有没有造原子弹呢？

其实没有。

啊？为什么呢？

因为希特勒太狂妄。他指示，凡是半年内搞不出来的武器就都别干。他觉得德国半年内就能把英美苏“连锅端”，这些武器根本用不上。再有，英军突击队炸毁了希特勒的重水工厂，没有重水，纳粹德国制造核武器的计划就完全破灭了。

天啊！

让核能牵手和平

战后，人类开始铸剑为犁，决定化干戈为玉帛。和平利用核能，成为人们的愿望。1954 年，世界上第一座核电站在苏联建成。当时的发电量只有 5000 千瓦。随后，美国、英国、法国、日本等国陆续建设核电站。我国的第一座核电站于 1984 年开始设计建设，位于浙江省的秦山。秦山核电站 1991 年开始发电，发电量为 30 万千瓦。经过几十年的发展，现在我国设计、建设核电站的水平已经处于世界前列。我国自行设计、建造的“华龙一号”核电站已经出口到英国、阿根廷、巴基斯坦等国家。

无论是原子弹，还是核电站，它们的能量来源都是铀原子核的裂变。区别在于，原子弹中的铀原子核，在它爆炸的那一刻就全部裂变完毕，从而产生巨大的能量和破坏力。而在核电站中，科学家们控制铀原子核的裂变速度，让能量慢慢释放，这些释放出来的能量把水加热成水蒸气，水蒸气推动发电机发电。

那么会不会有一天，核电站内的裂变速度也不受控制了，核电站变成原子弹呢？

我可以告诉你，绝对不会！

前面柠檬讲过，每一种元素都有若干种不同的原子核，这些原子核的区别在于它们内部中子的数目不同。铀有12种不同的原子核，其中自然界中天然存在的只有3种，分别是 ^{234}U、^{235}U 和 ^{238}U。在这三种原子核中，^{234}U 不会发生裂变；^{238}U 虽然能够发生裂变，但它发生裂变的条件比较苛刻，一般也不会轻易裂变；真正容易发生裂变的是 ^{235}U。不过，自然界中的 ^{235}U 少得可怜。一般来说，一座铀矿中，^{235}U 的数量只占0.7%，而其他的，都是 ^{238}U。

铀矿被开采出来以后，是不能直接送到核电站去发电的，而是先要想办法对里面的 ^{235}U 进行提纯。这个提纯的过程称为浓缩，提纯之后的铀，称为浓缩铀。一般来说，^{235}U 的浓度达到3%以

上，就可以用来发电了。现在，世界上大多数的核电站所使用的铀，^{235}U 的浓度为 20% 左右。可是如果想要制造原子弹，那么 ^{235}U 的浓度必须要达到 90% 以上才成！

噢！原来铀浓缩是这么回事啊！我在新闻里老听见，就是不知道是什么意思。

新闻里一说哪个国家开始铀浓缩，免不了就跟着联合国安理会又是开会又是表决又是声明又是谴责。为啥呀？铀浓缩，说白了，就是制造核武器的前奏曲——你铀浓缩？！啥意思？安的什么心？

哦，原来是这么回事。那是不是即使核电站中裂变反应的速度失控，由于 ^{235}U 的浓度不够高，核电站也不会变成核武器？

是的。还需要说明的是，核电站、核武器……里的“核”指的并不是所有的原子核，而是铀、钚等一些特殊的原子核。

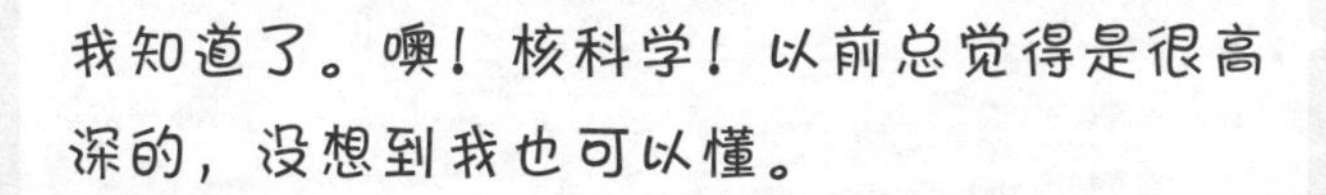

当然！

从潜艇发射的导弹，可携带核弹头。